U0324949

科学育儿

0—3岁孩子的陪玩指南

于海涛　秦秋霞　著

中国书籍出版社
China Book Press

图书在版编目(CIP)数据

科学育儿：0—3岁孩子的陪玩指南 / 于海涛, 秦秋霞著. –– 北京：中国书籍出版社, 2023.6

ISBN 978-7-5068-9479-1

Ⅰ.①科… Ⅱ.①于… ②秦… Ⅲ.①婴幼儿–哺育–指南 Ⅳ.①TS976.31–62

中国国家版本馆CIP数据核字（2023）第120522号

科学育儿：0—3岁孩子的陪玩指南

于海涛　秦秋霞　著

图书策划	谭　鹏　成晓春
责任编辑	张　娟　成晓春
责任印制	孙马飞　马　芝
封面设计	刘红刚
出版发行	中国书籍出版社
地　　址	北京市丰台区三路居路97号(邮编：100073）
电　　话	（010）52257143（总编室）　（010）52257140（发行部）
电子邮箱	eo@chinabp.com.cn
经　　销	全国新华书店
印　　厂	三河市德贤弘印务有限公司
开　　本	710毫米×1000毫米　1/32
字　　数	155千字
印　　张	8.25
版　　次	2023年9月第1版
印　　次	2023年9月第1次印刷
书　　号	ISBN 978-7-5068-9479-1
定　　价	56.00元

前言

在现代社会，子女的教育一直都是家长关注的焦点，而对0—3岁孩子的教育更是备受家长重视。家长们迫切地想要给孩子良好的早教，让孩子健康快乐地成长。

游戏可以说是0—3岁孩子认识世界的重要方式，越来越多的家长开始认识到亲子陪玩、游戏育儿的重要性和必要性。不过，很多家长也缺乏相应的游戏经验，不知如何科学有效地开展育儿游戏。而本书可以给予广大家长明确、实用的指导，让家长实现轻松陪玩、快乐育儿。

首先，本书简述了0—3岁孩子的发育规律，说明了科学育儿、亲子陪玩的重要性和必要性，让家长对科学育儿有一个初步的了解。

其次，本书结合0—3岁阶段不同月龄、年龄幼儿的主要生理和心理发育特点，精心设计了丰富多彩的亲子游戏，而且每一种游戏均设计了"游戏目的""游戏准备""游戏方法""游戏提醒"四个版块，方便家长结合自身实际情况参照实施。

最后，本书介绍了家长在陪孩子玩游戏中可能出现的常见错误认知、伤病、安全问题，能够给予家长贴心的提示与指导，帮助家长解决亲子陪玩时的后顾之忧。

本书逻辑清晰、内容丰富、图文并茂，育儿知识点密集，亲子游戏指导性强，能够帮助广大家长在掌握亲子游戏方法的同时，感受亲子快乐。

科学育儿，高效陪玩，让孩子在游戏中掌握本领、收获快乐、健康成长。

作者

2023 年 4 月

目 录

第一章

科学育儿，给孩子高质量的陪伴

了解0—3岁孩子的发育规律/3

在游戏中发展孩子的多重
　能力/9

亲子陪玩，让爱伴随孩子快乐
　成长/13

第二章

0—6月龄孩子陪玩游戏：助力生长发育

触觉游戏/17

伸展游戏/23

视力游戏/27

趴卧游戏/31

抬头游戏/35

翻滚游戏/39

情绪游戏/43

第三章

7—12月龄孩子陪玩游戏：强化肢体控制力

手指游戏/49

撕拉游戏/54

抓握游戏/58

推拉游戏/62

蹲起游戏/66

走和跨的游戏/70

口令游戏/74

第四章

1—1.5岁孩子陪玩游戏：关注体能与思维

投掷游戏/81

位移游戏/85

攀爬游戏/89

平衡游戏/93

语言游戏/97

绘画游戏/101

第五章

1.5—2岁孩子陪玩游戏：学会探索与创造

跑跳游戏/107

指认游戏/111

数字游戏/115

分拣游戏/119

角色扮演/123

积木与拼图/127

复述与自主表达/132

第六章

2—2.5岁孩子陪玩游戏：独立与智力启蒙

穿脱游戏/139

整理游戏/143

数量游戏/146

序列游戏/149

方位游戏/153

时间游戏/157

分辨游戏/161

解决问题/167

第七章

2.5—3岁孩子陪玩游戏：促进社会力发展

交往游戏/173

表达游戏/178

记忆游戏/182

推理游戏/186

购物游戏/190

救援游戏/195

合作游戏/199

第八章

亲子陪玩禁忌，充分尊重孩子

不要代劳/205

不要让孩子边吃边玩/209

不要轻易打扰孩子/212

不要阻止孩子合理的探索/216

第九章

常见伤病处理，应对突发情况

湿疹/221

发烧/223

过敏/226

擦伤/228

抓咬伤/230

异物卡喉/232

中暑与冻伤/234

脱臼与骨折/236

第十章

关注亲子安全，给孩子满满的安全感

防蚊虫/241

防跌落/244

防溺水/246

防烫伤/249

防触电/250

防丢失/252

参考文献

/253

第一章

科学育儿，
给孩子高质量的陪伴

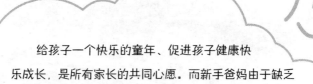

给孩子一个快乐的童年、促进孩子健康快乐成长，是所有家长的共同心愿。而新手爸妈由于缺乏经验，往往在陪伴孩子时感到手足无措。

实际上，只要掌握科学的育儿方法，通过丰富的游戏科学地陪伴孩子玩耍，就能带给孩子高质量的陪伴。

了解 0—3 岁孩子的发育规律

孩子的成长发育具有客观规律性、阶段性、连续性，新手爸妈在育儿过程中，应充分认识和熟悉 0—3 岁孩子的发育规律，这是科学育儿的重要基础。

0—3 岁孩子的生理发育规律

0—3 岁是孩子生长的一个黄金时期，新手爸妈应该把握这一时期不同月龄和年龄阶段的孩子的生长发育特点，有针对性地引导孩子健康、安全、快乐地成长。

由于存在个体差异，因此每一个孩子在不同月龄和年龄阶段的生理发育程度也存在一定差异，但同时，他们的生理发育也存在群体共性。

孩子的身高、体重是新手爸妈比较关注的方面，一般来说，0—3 岁孩子的标准身高和标准体重发育遵循如下基本规律（表 1-1）。

表 1-1　0—3 岁孩子标准身高与体重参考数值

阶段	标准身高（厘米）	标准体重（千克）
新生儿	50	3.25
1—12 月龄	50—75	[年龄（月）+9]/2
1—3 岁	年龄（岁）×7+75	年龄（岁）×2+8

孩子的身高、体重受多种因素的影响，如性别、饮食、睡眠、疾病等，只要孩子的实际身高、体重与标准身高、体重差距不大，新手爸妈就不必过于担心。

除身高外，新手爸妈会特别关心孩子的大动作、精细动作以及运动能力的发育情况，关于这些方面，新手爸妈可以参考表 1-2 来了解孩子的生理发育基本规律。

o—1 岁孩子成长变化

5

表1-2 0—3岁孩子生理发育基本规律

阶段	生理发育
0—6月	（1）出生后即可听见声音。 （2）2月龄可发"a""o"音，6月龄可无意识地发"ma""da"音。 （3）1月龄可抓握、转头；2月龄可俯卧抬头45°；3月龄开始翻身；5月龄可俯卧抬头90°，俯卧抬胸，伸手拿想要的玩具；6月龄可换手拿物体，能依靠着坐或独立坐。
7—12月	（1）7月龄可独立坐起；8月龄会双手双脚爬；9月龄会用手指捏小物体；11—12月龄会拍手、扔东西、用水杯喝水，可手扶物体站起、走动。 （2）会认识简单的物品，能自己坐10分钟。 （3）可发出"baba""mama"的声音。
1—1.5岁	（1）逐渐会拿积木对敲、挥手再见、独自站立、弯腰再起身直立、行走、爬台阶、倒着走。 （2）会尝试自己吃饭、洗手、乱涂乱画、搭积木。 （3）说除"爸爸""妈妈"外两三个简单词语。
1.5—2岁	（1）蹲下后可站起，逐渐走稳，能上下沙发、上下楼梯、双脚跳。 （2）手抓移动中的物体，打开和合上盖子，用笔涂画，拼搭两三块简单的拼图和积木。 （3）会叫家人的名字，会说出代表物品的简单的叠音词，如"花花""果果"。
2—2.5岁	（1）逐渐会穿脱鞋袜、裤子，能模仿画直线和圆，会扔球、扣扣子。 （2）能单脚短暂站立，会跳远。
2.5—3岁	（1）能自主穿脱衣服、洗漱，会画封闭的圆圈、串珠子、拼搭6块左右的拼图或积木。 （2）会单脚站、跳，能上下楼梯、从矮台阶上跳下，会玩滑板车、踢球。 （3）能说出自己和家人的简单信息，如名字、年龄、性别；会问问题、背古诗和儿歌。

表 1-2 中所列内容只突出了孩子变化显著、新手爸妈可明确参考的部分项，即便孩子没有达到表中所列各项，也不必过于担心。孩子的生理发育是渐进性的，相信随着爸爸妈妈的游戏参与和指导，孩子一定能很快掌握各项本领。

0—3岁孩子的心理发育规律

0—3 岁，是新手爸妈与孩子构建亲密和信任关系的重要时期，新手爸妈在通过游戏的方式陪伴孩子的同时，应了解孩子的心理发育规律，这有助于提高游戏的效率，促进孩子的心理健康发育。

结合不同心理教育学家关于幼儿心理研究的理论和观点，新手爸妈应了解 0—3 岁孩子的以下心理发育规律（表 1-3）。

表 1-3 0—3 岁孩子心理发育基本规律

阶段	心理发育
0—6 月	（1）1 月龄可自发微笑。 （2）喜欢与家人互动。 （3）6 月龄会认人，依赖主要抚养者。

阶段	心理发育
7—12月	（1）喜欢看镜子中的自己，开始有了"我"的意识。 （2）喜欢模仿，喜欢通过发出声音，重复某一动作吸引大人的关注。 （3）离开抚养者会有焦虑情绪。
1—1.5岁	（1）对事物好奇，对有规律的事物感兴趣。 （2）自我意识开始萌发。
1.5—2岁	（1）喜欢尝试做自己力所能及的事情，不喜欢大人帮忙，喜欢模仿。 （2）物权概念不清，会争抢玩具、打人。
2—2.5岁	（1）好奇心强，喜欢问问题，能感知、区分事物。 （2）自我意识逐渐增强，会和家长或同伴协作。
2.5—3岁	（1）喜欢引起他人关注，喜欢挑战家人的极限。 （2）逐渐建立规则意识，表现出社交倾向和行为，开始有物权概念，但仍以自我为中心，容易发生冲突。

0—3岁孩子有着一定的生理发育规律和心理发育规律，新手爸妈应结合孩子的生理发育规律、心理发育规律参与相关游戏，这也是本书游戏设计所依据的两个重要标准。

在游戏中发展孩子的多重能力

亲子游戏可以促进0—3岁孩子多重能力的发展，也有助于培养父母与孩子的感情，实现0—3岁孩子生理与心理健康的共同发展。

游戏是孩子认识世界的重要方式

0—3岁孩子所接触的世界对于他们来说是非常复杂的，但游戏可以帮助0—3岁孩子从认识简单的事物、关系开始，逐渐完善思维，为认识和理解复杂的事物和关系奠定基础。游戏可以说是孩子认识世界的重要方式和基础。

科学育儿要求科学陪玩，新手爸妈应多抽出时间陪孩子玩要，积极组织、参与各类亲子游戏，让孩子能通过游戏接触各种事物、丰富生活、提高认知、收获快乐。

亲子游戏可以发展孩子的多种能力

亲子游戏能为孩子的各项能力发展创造一个科学有趣的环境，寓教于乐，让孩子在游戏中发展各项能力。

不同游戏能够促进孩子不同方面的能力发展，具体如下。

运动游戏：促进孩子体能、运动能力的发展。

听说游戏：促进孩子听觉、注意力、语言表达能力、记忆力等的发展。

艺术游戏：促进孩子动手动脑，提高孩子的精细动作能力、空间感、思考能力、审美能力等。

数列、时间、空间等游戏：促进孩子的数感、时间观念、空间感以及逻辑思维能力的发展。

社会性游戏：帮助孩子融入集体，提高孩子的语言表达能力、共情能力、社交能力等多重能力。

需要特别说明的是，一个游戏对孩子的能力发展并不是一对一的，比如积木游戏能同时促进孩子多方面能力的发展，包括五感（视、听、味、嗅、触）、认知能力、肢体动作（大动作、精细动作）和运动能力等，也可概括为健康、语言、艺术、科学、社会等领域的能力。

爸爸和孩子在一起做游戏

亲子游戏对孩子各方面能力的发展是综合促进的，对某一或某几方面的能力发展促进作用更明显，但又不仅仅局限于这一方面或几方面的能力。

不过新手爸妈在开展亲子游戏之前，还有必要了解孩子的敏感期。0—3岁孩子各项能力发展存在不同的敏感期，在敏感期，孩子的能力会发展得更迅速，因此抓住孩子能力发展的敏感期，可以更有针对性地开展游戏，促进孩子各项能力快速发展。

关于0—3岁孩子发展的敏感期，目前广受大家认可的是蒙台梭利的相关育儿理念和观点。

"蒙氏教学法"是意大利幼儿教育家玛丽亚·蒙台梭利所提出的一种教育理念。蒙台梭利教育理念指出，在儿童生长发育的过程中，不同能力的快速发展期会出现在不同时期，家长要利用好这段时间，以更好地促进幼儿在此期间获得相关能力的发展。

对于 0—3 岁的幼儿来说，他们的各种能力发展的最佳时期（敏感期）具体见表 1-4。

表1-4　0—3 岁孩子各种能力发展敏感期 [①]

能力	敏感期
感官敏感期	0—2.5 岁
音乐敏感期	0.5—1 岁
口头语言敏感期	1.5—3 岁
动作敏感期	0—3 岁
创造力敏感期	2—3 岁
秩序敏感期	1—3 岁
空间敏感期	2—3 岁
社会规范敏感期	2.5 -3 岁

0—3 岁的孩子各项能力发展的敏感期密集，新手爸妈应关注孩子的敏感期并有针对性地选择游戏，以促进孩子各种能力的发展。

---

① 胡敏.0—6岁早教游戏育儿计划. 实操宝典[M].北京：中国妇女出版社，2020：11.

亲子陪玩，让爱伴随孩子快乐成长

父母在 0—3 岁孩子的游戏中发挥着重要作用。孩子通过游戏丰富认知、发展各方面能力，需要父母的陪伴和指导。有了父母的陪伴和指导，孩子会在被爱包围的游戏活动中快乐成长、健康发展。

亲子陪玩需要父母的共同参与

所谓亲子游戏，是指由父母、孩子共同参与，能增进父母与孩子之间亲密关系的游戏。

受多种因素的影响，目前很多家庭中，妈妈在育儿任务中扮演着主要角色，爸爸的角色似乎不那么重要，这样的现象和认知显然是不科学的。孩子的成长需要爸爸妈妈的共同陪伴，无论是妈妈还是爸爸，在亲子关系中都至关重要、不可缺少。亲子陪玩，需要爸爸妈妈的共同参与。

亲子陪玩，不仅仅是"陪"

父母要做亲子游戏的参与者，而不是旁观者，只是坐在孩子旁边做自己的事情，让孩子自己玩游戏，显然是不可取的。

希望每一对父母都能给孩子高质量的陪伴，在游戏中引导孩子各方面能力的发展，促进孩子的心理健康发展，用爱呵护孩子健康快乐成长。

第二章

0—6月龄孩子陪玩游戏：
助力生长发育

0—6 月龄的孩子对这个世界充满了好奇心，他们会充分利用自己的身体和感官去探索世界，比如吸吮和抓握物品，盯着一处看，寻找声音等。爸爸妈妈在与孩子互动时，要有意识地去刺激孩子的视觉、听觉、嗅觉、触觉，帮助孩子了解和感知周围的一切，并提高孩子的身体活动能力，促进孩子身心健康发育。

触觉游戏

触觉是孩子感知和探索世界的重要途径，新生儿喜欢用嘴巴、手脚等身体部位与周围物体接触，也喜欢爸爸妈妈的抚触，爸爸妈妈要多与孩子进行触觉互动，满足孩子的触觉探索欲，促进孩子的触感、智力和心理发展。

小手摸一摸

游戏目的

促进0—6月龄孩子触觉的发展，帮助孩子感知事物，满足孩子的好奇心和探索欲，也有助于刺激孩子的视力发展。

游戏准备

以下物品根据实际情况挑选备用：几块不同质地的布料，如棉麻、网纱、丝绒、皮料；几个不同质感、颜色鲜艳的小物品，如毛绒玩具、毛巾、海绵、纽扣等；幼儿专用触感玩具。

可以让幼儿触摸的玩具

游戏方法

（1）挑选一块布料，放到孩子眼前、伸手就能触摸到的地方，引导宝宝碰触、抓握物品。

（2）当孩子触摸到物品时，让孩子的手、脚或其他身体部位短暂停留在物品上或摩擦物品表面，并告诉孩子接触物品的具体触感，比如"软软的""凉凉的""粗糙的""光滑的""红色小球"等。

游戏提醒

（1）合理控制粗糙物品摩擦孩子皮肤的力度，避免擦伤孩子娇嫩的皮肤。

（2）谨防孩子误吞小物品或细小零件。

感受大自然

游戏目的

通过对自然界物品的碰触，增加孩子的触感体验。

游戏准备

水、沙子、泥土、树叶、花朵、大米、豆子、鹅卵石等来自大自然的物品，准备一种或几种。

游戏方法

（1）将形状大小不同的鹅卵石摆放在孩子面前让其观察。

（2）将少许水轻轻洒到孩子的皮肤上，让孩子感受水的清凉或温暖。

（3）给孩子一些沙子或泥土，引导孩子触摸和抓握，让孩子感受沙子和泥土的不同质地与触感。

游戏提醒

（1）尽量选择圆润、无尖锐棱角或尖刺的自然物品。

（2）游戏中，爸爸妈妈要做好防护，避免孩子被刺伤或误吞小物品。

（3）游戏后，及时带孩子更换衣物、清洁身体。

爱的抚触

通过爸爸妈妈的触摸或拥抱，让孩子获得舒适体验，增加孩子的安全感；互动中的语言有助于刺激孩子的听觉和语言发展；对孩子腹部的抚触按摩，有缓解婴幼儿肠绞痛、促进婴幼儿消化的作用。

游戏准备

干净平坦的床铺或垫子。

游戏方法

爸爸或妈妈将孩子放在垫子上，用手轻轻碰触孩子的身体部位，如摸摸孩子的小手（指），挠挠孩子的小肚皮，用脸蹭孩子的脸，让孩子的手、脚触摸爸爸妈妈的脸。

或将孩子抱在怀里，让孩子感受父母的体温、衣服触感和拥抱带来的愉悦体验。父母和孩子触摸互动的同时，还可以加上对互动的语言描述。

游戏提醒

（1）爸爸妈妈穿上柔软的衣服后，要摘掉或遮挡住衣服上的尖锐物品。

（2）减少孩子的衣物和鞋袜，有助于孩子更好地感受触摸和被触摸。如果孩子裸露部分身体，要提前调节室温，避免孩子着凉。

伸展游戏

0—6月龄孩子的肌肉力量较弱，他们不能像儿童那样主动走、跑、跳，这时可以通过给孩子做被动操（又叫婴儿操）或踢球游戏来促进孩子四肢和躯干肌肉力量及大动作的发展。

被动操

游戏目的

帮助孩子伸展身体、控制身体，促进孩子肌肉力量的发展，让孩子的肢体运动更协调、肌肉更紧实。

游戏准备

可以准备一块平整柔软的垫子，也可以在床上进行该游戏。

游戏方法

（1）让孩子平躺在床上，爸爸或妈妈俯身，与孩子面对面。

（2）爸爸或妈妈轻轻抓握孩子的小手，牵拉孩子的双臂做上、下、左、右、斜方向的伸展运动，做双臂交叉运动。

（3）爸爸或妈妈轻轻抓握孩子的双脚，牵拉孩子的双腿做伸直、弯曲、开立、垂直上举等动作。

游戏提醒

（1）避免在孩子刚喝完奶后立即做运动。

（2）关注孩子的情绪，尽量在孩子情绪好时做被动操，做的过程中和孩子说话、解说动作，也可以在做操的同时播放轻音乐。

碰触小球

游戏目的

发展孩子的手臂、腿部和背部肌肉力量，提高孩子的注意力和空间感知力。

游戏准备

一个或若干个质地较柔软的小球、线、硬纸板。

游戏方法

（1）用线系住小球，将线的另一头固定在纸板上。小球的高低、材质可不同，使孩子伸展腿部可以用脚碰到小球，引导孩子去碰触和踢动不同的小球。

（2）调整小球位置，引导孩子用手主动碰触、推开小球。

游戏提醒

（1）避免孩子的手指、手腕、脚趾或脚腕被悬挂小球的线缠绕。

（2）小球的大小轻重应适宜。球太小太轻，孩子则不容易感受踢到或推到球；球太大太重，孩子则难以踢动或推动小球。

（3）可以在小球上缝或贴铃铛，这样孩子踢球时会听到声响或有不同触感，会让游戏更有趣味性。

视力游戏

0—6个月是孩子的视力快速发展的一个阶段，这期间他们的视力从只能看清30厘米内的事物发展到看1—2米远的距离。爸爸妈妈要抓住这一时期，通过做一些有针对性的游戏促进孩子视力的发展。

黑白卡

游戏目的

发展0—6月龄孩子的视力，帮助孩子集中视线、视觉聚焦，提升孩子的视觉追踪能力。

游戏准备

黑白卡若干张（黑色背景上有白色图案或白色背景上有黑色图案的卡片）。

一组黑白卡

游戏方法

（1）让孩子平躺在垫上，将对比度强的黑白卡放在孩子眼睛正上方15—20厘米处，让孩子用眼睛观察卡片画面。

（2）爸爸妈妈给孩子介绍卡片画面内容，孩子注视10秒左右后可更换卡片。还可以让孩子注视卡片10秒左右后，平缓移动卡片，引导孩子的目光随着卡片移动。

游戏提醒

（1）0—6月龄孩子视力范围有限，黑白卡距离孩子的眼睛的距离应为15—20厘米。

（2）黑白卡游戏总时长不宜超过5分钟，避免孩子产生视疲劳。

彩带飘呀飘

游戏目的

刺激孩子的视觉神经，发展孩子的视觉追踪能力、颜色识别能力，锻炼孩子的眼部肌肉。

游戏准备

几条颜色鲜艳、有一定宽度的彩带。

游戏方法

让孩子仰卧或坐在垫子上，将彩带放在孩子眼睛前方约30厘米的位置，轻轻晃动彩带使之飘舞，引导孩子目光追踪彩带。可以交替使用多条彩带，也可以一次使用两条彩带。

游戏提醒

（1）彩带应长短适宜，避免快速无序晃动而碰触误伤孩子眼睛。

（2）可以用彩色毛巾、布条、灯光（在晚上将手电筒照在墙壁上）等代替彩带。

趴卧游戏

0—6 月龄的孩子参与趴卧游戏有助于促进其颈椎发育,增强头、颈、肩、背等部位的肌肉力量,也有助于促进空间与感官能力的发展。

温暖的怀抱

游戏目的

锻炼孩子的头颈和肩背肌肉力量,缓解肠胀气,增进亲子关系。

游戏准备

柔软的床铺或垫子。

游戏方法

（1）爸爸或妈妈仰卧位躺在床上或垫子上，让孩子趴卧在自己的胸腹部，调整孩子的趴卧姿势和位置，使其感到舒服、安全。

（2）有节奏地轻拍孩子的背部，一边轻声哼唱摇篮曲，和孩子对视说话或哄睡，让孩子感受到父母的爱，增强孩子安全感。

游戏提醒

（1）该游戏适合0—3月龄孩子。

（2）参与游戏的爸爸妈妈和孩子均穿柔软质地衣服，衣服正面（胸前和腹部位置）尽量没有拉链或纽扣。

（3）足月婴儿，一般在出生后2天就可以趴着，但是这时候的他们颈椎发育不完善，肩颈力量弱小，在趴卧时无法抬头，容易吐奶、呛奶或窒息，因此，练习趴卧时间不宜超过2分钟，要注意婴儿的安全。随着孩子月龄增长，在趴卧游戏中，孩子进行趴卧练习的时间可适当延长，但应始终保证有家长在旁照看。

小飞机

发展孩子的头颈和肩部肌肉力量，增强手臂力量，为以后的翻身、爬、坐奠定基础；提高孩子的空间感知能力；增进亲子关系，培养孩子对爸爸妈妈的信任感。

游戏准备

一张厚垫子或柔软的地毯（也可以在床上开展此游戏）。

游戏方法

（1）爸爸或妈妈身穿舒适柔软的衣服仰卧平躺在地上，屈双膝使小腿与地面平行。

（2）让孩子平稳地趴卧在爸爸或妈妈的小腿上。

（3）小腿并拢，托着孩子前后或左右轻轻平稳晃动，一边晃动一边观察孩子的表情，并温柔地歌唱或解说"飞"的动作。

游戏提醒

（1）该游戏适合3—6月龄孩子。

（2）游戏中，爸爸或妈妈应双手或单手保护孩子，避免因动作失误或腿部运动疲劳而导致孩子跌落。

（3）游戏区域应柔软、平整，无硬物或棱角尖锐的物体。

（4）如果孩子在游戏中表现出哭闹、害怕、恐慌等不良情绪，立即停止游戏。

抬头游戏

足月出生的婴儿长至 3 月龄，孩子处于趴卧状态时，头、胸部均可抬起。抬头游戏可以助力孩子成长发育，让孩子在做抬头这样的大动作时，更加顺畅和轻松。

声音捉迷藏

 **游戏目的**

锻炼孩子的头颈肌肉、肩背肌肉力量，促进孩子成功做到俯卧抬头，增强孩子的方位感知和听觉反应能力。

游戏准备

两三个声音清脆悦耳、音色不同的小玩具或物品。

游戏方法

（1）让孩子以俯卧姿势趴在床上或垫子上，使孩子的手臂自然弯曲放在胸前，辅助支撑身体。

（2）将玩具放在孩子的头前上方，轻轻抖动或调整开关让玩具发出声音；将玩具慢慢抬起，引导孩子抬头寻找玩具。对于4月龄以后的孩子，可以适当移动玩具位置，引导孩子寻找发出声响的玩具。

爸爸妈妈也可以在孩子头部的前方呼唤孩子乳名，或者发出一些声音，吸引孩子自主完成抬头、转头动作。

（3）每天3—5次，每次3—5分钟。

被声音吸引的宝宝

游戏提醒

（1）0—6月龄孩子的大动作发展是循序渐进的，在孩子还不能很好地控制头的移动和转向时，应尽量不要过早地让孩子练习抬头。"揠苗助长"的行为会伤害孩子，要遵循孩子成长发育规律。因此，抬头游戏建议在孩子2月龄之后开展。

（2）玩具或发出声响的物品应放在距离孩子头部约50厘米处，避免抖动玩具幅度太大而误伤孩子。

（3）声响应有节奏，避免声音太大、太吵。

（4）如果给孩子穿得太厚，孩子的自由活动会受限，可能会导致孩子抬头练习不顺畅。所以，要视情况调节室温，并给孩子减少衣物，但要注意避免孩子着凉、感冒。

看照片

游戏目的

发展孩子颈部、背部肌肉力量，锻炼孩子的前臂支撑力，刺激孩子视觉追踪能力、分辨能力。

游戏准备

几张家人的照片，孩子感兴趣的球、奶瓶等物品的照片。

游戏方法

（1）让孩子俯卧在床上或垫子上，将家人的照片放在孩子头部正前方稍高一点的位置，引导孩子去观察照片内容。

（2）在孩子观看照片时，为孩子介绍照片内容。

（3）每天 3—5 次，每次 3—5 分钟。

游戏提醒

（1）该游戏建议在孩子 3 月龄之后开展。

（2）孩子可能分不清照片里的奶瓶等是真实的还是虚假的，会试图伸手触摸或从照片中拿出物品，失败几次后可能会情绪急躁，此时可以将真的奶瓶放在奶瓶照片旁做对比，并引导孩子去抓握真实的奶瓶。

翻滚游戏

3月龄以后，孩子会逐渐有翻身动作，从仰卧位翻到侧卧位；6月龄以后，孩子可以从仰卧位翻滚到俯卧位。翻身动作最开始会在孩子手舞足蹈的身体扭动中偶然完成。爸爸妈妈可以躺在床上为孩子做翻滚示范，也可以通过游戏的方式帮助孩子学会翻滚。

翻身大冒险

游戏目的

让孩子了解翻身动作，体验翻身乐趣，掌握翻身动作；提高孩子的身体协调能力和空间感知能力，帮助孩子顺利完成翻身动作。

游戏准备

平整的床铺或垫子。

游戏方法

方法一：当孩子平躺玩耍，高高抬起双脚时，爸爸或妈妈轻轻推动孩子的一只脚或臀部位置，牵拉孩子手臂，使其在外力作用下失去身体平衡而翻身侧卧。

方法二：爸爸或妈妈平躺在床上或垫子上，和孩子面对面，将孩子抱在怀里，手臂环绕抱紧孩子的身体，带动孩子做翻滚动作，让孩子体会翻身的感觉。

游戏提醒

（1）确保床上或垫子上无硬物。

（2）爸爸和妈妈要善于观察孩子。当孩子平躺，喜欢把双脚高高扬起并带动身体来回摇晃时，说明孩子已经有了翻身意识，只是还没掌握翻身动作，此时父母不要过早让孩子练习翻身。

（3）带动孩子翻身时，注意对孩子的保护，翻身动作要缓慢，以免压到孩子。

（4）如果孩子表现出哭闹和害怕，且安抚无效，应停止游戏。

（5）当孩子体验过翻身后，不管他是否掌握了翻身动作，身边都应有大人看护，谨防发生跌落。

小船晃呀晃

游戏目的

培养孩子的空间感知能力，使其熟悉翻滚动作。

游戏准备

一块能承受住孩子的重量、可以当"小船"的毛毯。

游戏方法

方法一：将孩子放到毛毯中央，爸爸和妈妈分别抓住毛毯的四个角，轻轻摇晃毛毯，让孩子仿佛在摇晃的小船里躺着，感受"小船"在晃动过程中带动身体翻滚的感受。

方法二：将孩子放到毛毯的一边，爸爸或妈妈抓住毛毯的两个角，轻轻掀起毛毯的一边，让孩子随着毛毯的倾斜有身体翻滚的倾向或动作。

游戏提醒

（1）爸爸和妈妈在抓握毛毯的四个角进行晃动时，或掀起毛毯的一边时，晃动幅度不要太大，动作要轻缓，以免吓到孩子。

（2）爸爸和妈妈的手要抓紧毛毯，避免毛毯从手中脱落而导致孩子跌落。

情绪游戏

情绪关乎孩子的心理健康发展，0—6月龄孩子喜欢注视人脸，喜欢和家人亲近，他们对人脸充满兴趣，与亲人的拥抱和互动让他们充满愉悦感。和孩子开展情绪游戏，可以促进孩子的情绪认知和发展，对孩子的身心健康具有重要作用。

做鬼脸

游戏目的

帮助孩子认识五官，让孩子观察表情和情绪，帮助孩子感知情绪，为孩子以后更好地表达情绪、发展微表情和面部精细动作奠定基础。

游戏准备

一面镜子、一个宽敞安全的区域。

游戏方法

方法一：让孩子平躺在床上或垫子上，爸爸或妈妈俯身与孩子面对面，对孩子做各种表情。

方法二：让孩子照镜子，观察镜子中自己或爸爸妈妈的表情。可以先描述表情然后再做出来给孩子看，也可以引导孩子去触摸镜子中的自己或爸爸妈妈。

游戏提醒

（1）表情可以适当夸张一些，方便孩子观察和模仿。

（2）做表达积极情绪的表情。

跳支舞吧

培养孩子愉悦的情绪，促进孩子的心理健康发展。

游戏准备

一块平整无障碍物的场地。

游戏方法

（1）双手或单手将孩子抱在胸前。

（2）一边哼唱歌曲一边有节奏地摇晃，也可以跟着音乐带领孩子翩翩起舞。

游戏提醒

（1）该游戏适合 4 个月以上的孩子。

（2）抱着孩子时，应用手托好孩子，避免孩子身体后仰。

（3）注意动作要轻柔，不建议做突然的、有危险性的动作。

7—12 月龄孩子陪玩游戏:
强化肢体控制力

7—12 月龄孩子的身高、体重都有所增长，可以做一些简单的动作，如抓握、蹲起、扶走等。这时的孩子开始学着用动作表达自己的意愿，比如伸手去抓自己喜欢的玩具，用点头或者摇头表达自己的需求等。爸爸妈妈应当注意培养孩子的肢体协调性，可以通过一系列有趣的亲子小游戏来锻炼孩子的身体灵活度，让孩子健康成长。

手指游戏

手指游戏旨在培养 7—12 月龄孩子的手指灵活性，让孩子通过细微的动作锻炼手部力量，提升孩子对手指的控制能力。

捡豆豆

 游戏目的

锻炼手部肌肉群的活动能力，提升孩子的手指灵活度，促进孩子手眼、手脑协调发展。

游戏准备

两个碗和少量豆子，豆子可以包括红豆、绿豆、蚕豆等大小不同的种类。

游戏方法

（1）将所有豆子放在一个碗中，并将装了豆子的碗放在旁边，再将另一个空碗放在孩子面前。

（2）爸爸或妈妈为孩子进行讲解和演示，让孩子了解如何将旁边碗里的豆子放进面前的空碗里。

（3）引导孩子用手指将一颗豆子轻轻捏起，放在身前的碗中。可以先从较大的豆子开始，之后慢慢过渡到红豆、绿豆等颗粒较小的豆子，让孩子慢慢适应游戏。

（4）孩子将豆子全部放进碗中后，爸爸或妈妈要对孩子进行夸奖或给予适当的奖励。

游戏提醒

（1）孩子很难有效控制自己的手指，因此爸爸或妈妈不要过分在意孩子捏豆子时的手势，哪怕孩子两手协作，只要能够成功地将豆子拿起来并放入空碗中就要给予赞扬、鼓励。

（2）在游戏进行时，爸爸或妈妈要全程参与其中，时刻注意孩子的动作，防止孩子将豆子放进口中咀嚼、吞咽而发生意外。

按一按

游戏目的

锻炼孩子的手部精细动作，特别是食指的灵活度，提升孩子的专注力。

游戏准备

几个小球，一个较大的、四面封闭的纸盒。

游戏方法

（1）将纸盒平放在桌面上，在纸盒顶面剪出若干个大小适中的洞，将小球放在洞上，注意要让小球能够刚好卡在洞上，不掉进纸盒里面。

（2）将表面卡着小球的纸盒放在孩子面前，引导孩子，用手指将小球从洞里按下去。

游戏提醒

引导孩子使用食指按小球，如果孩子使用手掌，要及时纠正。

将硬币放进存钱罐

游戏目的

锻炼孩子手指的灵活度，提高孩子对手部肌肉的控制力，帮助孩子在游戏中培养耐心。

游戏准备

一个存钱罐、几枚硬币。

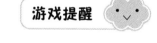
（1）将硬币摆放在存钱罐旁边，方便孩子拿取。

（2）爸爸或妈妈为孩子演示游戏方法，引导孩子拿起硬币，并将其放进存钱罐里。

孩子将硬币放入存钱罐

（3）在孩子成功将一枚硬币放进存钱罐后，对孩子进行鼓励。之后，指导孩子将其余硬币依次放入存钱罐中。

游戏提醒

（1）放在桌面上的硬币难以拿起，在孩子难以完成游戏时，爸爸妈妈可以适当帮助孩子，辅助孩子完成游戏。

（2）游戏过程中，爸爸妈妈要全程看护孩子，防止孩子误食硬币。

撕拉游戏

撕拉游戏操作简单，比较适合 7—12 个月的孩子。撕拉游戏可以锻炼孩子的手部力量，培养孩子的双手协调能力。

撕纸哗啦啦

 游戏目的

让孩子用自己的方式完成将纸张撕开的动作，锻炼孩子的思维能力、手脑协调能力。

游戏准备

几张纸巾。

游戏方法

（1）爸爸或妈妈为孩子演示，教孩子用两只手将纸巾撕开，然后将撕下的纸巾放在一边，持续进行，直到孩子看懂为止。

（2）引导孩子自己用两只手将纸巾抓住，开始用力，做撕拉的动作，通过手部的配合将纸巾撕开。

（3）重复动作，直到孩子熟悉撕拉动作。爸爸妈妈要对孩子进行鼓励，让孩子体验到撕拉游戏的快乐。

游戏提醒

（1）在准备时，注意准备柔软干净的纸巾，防止纸边把孩子的手划伤。

（2）在游戏过程中，防止孩子将纸巾吃进嘴里。

胶带撕下来

游戏目的

让孩子将粘在桌子上的胶带撕起来，以此锻炼孩子的手部肌肉，增强手指的控制力和灵活度。

游戏准备

一卷粗细适当的胶带。

游戏方法

（1）将胶带剪成长短一致的长条，轻轻地黏在桌子上。

（2）爸爸妈妈为孩子演示，教孩子将胶带撕下来。

（3）引导孩子用手指抓住胶带，用力将胶带撕下来。

游戏提醒

（1）可以选择彩色或带有图案的胶带，这样可以增强游戏的趣味性，吸引孩子的注意力。

（2）胶带不要黏得太紧，要方便孩子撕扯。

抓握游戏

抓握是孩子在 7—12 月时应当掌握的一项基本技能。孩子通过抓握物品，能够对物品的外形有基本的认知，使得触觉与视觉产生联动，促进智力的发展。

抓泡泡

游戏目的

让孩子通过抓飞在天上的泡泡，提升手的灵活度，促进手眼协调发展，提高孩子的反应能力。

游戏准备

一个无毒泡泡机或泡泡枪。

游戏方法

（1）爸爸或妈妈拿着泡泡枪，坐在孩子面前，和孩子保持一定的距离。

（2）爸爸或妈妈用泡泡枪打出一串泡泡，鼓励孩子用手抓泡泡。在游戏过程中，爸爸或妈妈配合孩子抓泡泡的频率，不断打出泡泡供孩子玩耍。

游戏提醒

（1）在用泡泡枪打出泡泡时，尽量将枪口朝上，不能正对孩子，防止泡泡液进入孩子眼中或口中。

（2）在游戏过程中，防止孩子将抓过泡泡的手放入口中。

解救玩具

 游戏目的

通过抓玩具，锻炼孩子的手部肌肉，实现大脑、手、眼等的配合；锻炼孩子的思维能力，让孩子在动手的过程中思考。

 游戏准备

一个盒子、一捆绳子或一卷胶带、几个小玩具。

游戏方法

（1）将孩子喜欢的玩具放进盒子里，不要封口。

（2）用绳子或胶带对盒子进行捆绑，使得盒子向上的一面呈牢笼式状态，形成遮挡，又留有空隙，可以将手从空隙间伸进去，并将玩具取出来。

（3）引导孩子，将手穿过胶带的空隙，将玩具取出。在游戏过程中，不断鼓励孩子，帮助孩子将玩具"解救"出来。

游戏提醒

在贴胶带或缠绕绳子时，空隙要大，方便孩子将玩具取出，并且不会伤到手。

推拉游戏

推和拉是孩子在早期需要学习的基础动作，爸爸妈妈可以通过推拉游戏来锻炼孩子对手和手臂的控制力，增强孩子的手臂力量，促进孩子手脚协调发展。

推小球

游戏目的

通过推球的动作，增强孩子手臂的力量，提高孩子对推这个动作的熟悉度。

游戏准备

一个大小适当的瑜伽球。

游戏方法

（1）将瑜伽球放在孩子面前，爸爸或妈妈站在孩子身后，扶住孩子的肩膀，让孩子保持站立的姿势。

（2）爸爸或妈妈伸出一只手，轻轻握住孩子的手臂，让孩子将胳膊抬起，发力，将球推出去。重复这一动作，直到孩子熟练为止。

（3）孩子独立进行推球动作，在爸爸妈妈的鼓励下，伸直手臂，推动瑜伽球。

游戏提醒

（1）在准备瑜伽球时，要注意瑜伽球不能太大，否则孩子将难以推动。

（2）在孩子推球的过程中，爸爸妈妈要全程参与，注意防护，防止孩子摔倒。

拉绳取物

通过游戏，让孩子掌握拉的动作，增强手臂的灵活度，锻炼孩子做事情的专注度，让孩子体验成功的愉悦感。

拉绳玩具

游戏准备

几个小玩具和几条较长的细绳。

游戏方法

（1）用细绳的一端捆住玩具，将捆好的玩具整齐地摆放在地上。将每条细绳都拉直，令细绳另一端延伸出来，方便拉取。

（2）爸爸或妈妈要告诉孩子，只有通过拉绳子的方式才能得到玩具。

（3）让孩子抓住绳子的一头，拉动绳子，将玩具拉到自己面前。爸爸妈妈帮助孩子将被捆住的玩具解开，将玩具还给孩子。

游戏提醒

（1）在准备玩具时，注意玩具不能太大，重量适中，要在孩子能够拉动的范围之内。

（2）在游戏过程中，爸爸妈妈要监督孩子，不能让孩子直接拿玩具，让孩子遵守游戏规则，顺利完成游戏。

第三章 7—12月龄孩子陪玩游戏：强化肢体控制力

蹲起游戏

蹲起游戏对 7—12 个月的孩子而言是一个较为复杂的游戏，这类游戏注重对腿部和脚部肌肉的锻炼，能够增强孩子的腿部力量，为孩子日后的走、跑、跳等动作奠定基础。

下蹲取物

游戏目的

通过下蹲这一动作，锻炼孩子下肢的肌肉，增强对腿部肌肉的控制力，提升孩子的运动能力。

游戏准备

几个大小、重量适中且便于孩子单手捡起的玩具。

游戏方法

（1）爸爸或妈妈扶着孩子站在喜欢的玩具前，告诉孩子要凭借自己的力量将玩具捡起来。

（2）引导孩子慢慢蹲下，用手将玩具捡起来，再慢慢站起来，之后将捡到的玩具放在一边，或者交给爸爸妈妈。

（3）捡起一个玩具之后，重复之前的动作，将其他的玩具依次捡起，直到捡完所有玩具。

游戏提醒

（1）第一次和孩子玩这个游戏时，准备的玩具数量不宜太多，让孩子熟悉蹲下的动作即可。

（2）当孩子熟练下蹲动作后，爸爸妈妈可以适当放手，在后面虚扶着孩子，让孩子自己蹲下去。如果孩子难以完成动作，再给予适当的帮助，让孩子熟悉下蹲这一动作。

蹲下再起立

游戏目的

让孩子熟悉蹲的过程，并配合游戏进程，做出蹲下的动作，锻炼孩子腿部肌肉，加强孩子腿与脚之间的配合。

游戏准备

一块厚实、柔软、干净的地毯。

游戏方法

（1）爸爸妈妈扶着孩子的手臂，让孩子站在地毯上。之后，耐心地引导孩子向下蹲。

（2）当孩子蹲下后，再小心地将孩子扶起来，让孩子保持站立的姿势。

（3）多次重复动作，形成肌肉记忆，让孩子熟悉下蹲这一动作。

妈妈帮助孩子蹲坐

游戏提醒

7—12 个月的孩子对蹲坐的姿势不是很熟悉，初学时，爸爸妈妈要耐心引导，注意保护孩子的腿，不能强行让孩子下蹲。

走和跨的游戏

7—12 个月左右的孩子正处在初学走路的阶段，爸爸妈妈可以通过一系列的游戏帮助孩子熟悉走和跨的动作技巧，为孩子学习走路打下基础。

推车向前走

游戏目的

让孩子通过游戏练习走路，锻炼双腿的灵活性，增强对双腿的控制力。

游戏准备

一部品质良好的学步车。

游戏方法

（1）爸爸妈妈引导孩子抓牢学步车，然后鼓励孩子向前推动小车。

（2）让孩子跟着小车向前迈步，通过推车完成走路的动作。

（3）爸爸妈妈在后方扶着孩子，并帮助孩子控制小车前进的速度，让孩子稳步向前。

游戏提醒

（1）在游戏过程中，爸爸妈妈要注意把控学步车的前进速度，防止速度过快，以免孩子跟不上小车速度而摔倒。

（2）帮助孩子把控好方向，避免孩子撞到桌椅等家具上。

第三章 7—12月龄孩子陪玩游戏：强化肢体控制力

勇敢跨过障碍物

游戏目的

让孩子学会跨步向前，控制自己的双腿，在不触碰障碍物的前提下，完成跨步的动作。

游戏准备

一些"障碍物"，如孩子的玩具、抱枕、摆件等；一个奖品，可以是孩子喜欢的玩具等。

游戏方法

（1）将"障碍物"排成一排，中间留有空隙，能够让孩子有落脚点。

（2）带领孩子来到布满障碍物的地方，告诉孩子只要跨过这些障碍物，就能得到奖励，激发孩子的积极性。

（3）扶着孩子的手臂，引导孩子迈步，完成跨越障碍物的动作。跨过一个障碍物后，让孩子在空地站好，调整姿势，准备跨越下一个障碍物。

（4）在孩子跨越所有障碍物后，给予鼓励，并且将准备好的奖品拿给孩子。

游戏提醒

（1）7—12个月的孩子对于跨步动作还不熟练，所以在游戏过程中，爸爸妈妈要全程扶着孩子，防止孩子摔倒。

（2）如果孩子在游戏过程中出现失败，要及时予以鼓励，帮助孩子完成游戏。

口令游戏

7—12月龄的孩子语言能力和认知能力都有了初步发展，并且能够进行简单的模仿。进行口令游戏，可以锻炼孩子的思维能力和语言理解能力。

听口令，做反应

游戏目的

让孩子辨识不同的口令内容，并根据口令内容做出相应的反应，做出简单的动作；锻炼孩子对肢体的控制力，提升孩子的智力水平。

游戏准备

几个内容简单易懂的口令。

游戏方法

（1）爸爸妈妈要和孩子提前约定好口令内容，如爸爸妈妈说"摇头"，孩子要做出摇头的动作，爸爸妈妈说"点头"，孩子要做出点头的动作。

（2）爸爸妈妈随机说出不同的口令，让孩子做出反应。如果孩子的反应是正确的，爸爸妈妈要及时夸奖，给孩子鼓励。如果孩子的反应不正确，爸爸或妈妈要耐心引导，帮助孩子想起正确的答案，做出对应的反应。

游戏提醒

（1）下达口令时，表述要清晰明确，让孩子听懂。

（2）尽量用温柔的语调引导孩子，让孩子自己思考，即使孩子出现错误，也不要急于纠正，要让孩子有思考的过程，让孩子自己寻找正确答案。

听口令，取玩具

游戏目的

让孩子根据口令分辨出不同的事物，锻炼孩子认识事物的能力，锻炼孩子的手眼协调能力，提高手部肌肉的灵活度。

游戏准备

孩子喜欢的玩具若干。

游戏方法

（1）爸爸妈妈要和孩子提前说好玩具的名称，并且确保孩子知道玩具的名称，能够通过名称认出玩具。

（2）爸爸或妈妈选择一个玩具，说出玩具的名称，让孩子将玩具拿给自己。

孩子抓取玩具

游戏过程中，爸爸妈妈要耐心指导孩子，但要让孩子自己选择，最终拿到正确的玩具。

第四章

1—1.5 岁孩子陪玩游戏：
关注体能与思维

1—1.5 岁的孩子大运动能力发展迅速，认知能力逐渐增强。他们从爬行逐渐过渡到直立行走，活动范围逐渐增大，探索能力和思维能力逐渐增强。

　　关注孩子的体能与思维，陪伴孩子进行投掷、位移、攀爬、平衡等体能游戏，以及语言、绘画等思维游戏，有助于提高孩子的大运动能力和思维能力。

投掷游戏

1—1.5 岁的孩子开始尝试独立行走，平衡能力逐渐增强。此时陪伴孩子进行投掷游戏，不仅可以锻炼孩子的上肢力量，增强孩子手指的灵活性，还可以提高孩子的手眼协调能力，促进孩子的智力发育。

小手投一投

游戏目的

锻炼孩子的上肢力量，促进孩子的手眼协调能力。

便于孩子抓握的物品，如沙包、海洋球、小号的毛绒玩具等；一个篮子或一块毯子。

海洋球和沙包

游戏方法

（1）爸爸或妈妈将篮子或毯子作为投掷目标，摆在适合孩子投掷的位置。

（2）爸爸或妈妈先做示范，手拿海洋球或沙包，并将其投入篮子中或投到毯子上。

（3）引导孩子用小手将海洋球或沙包投进篮子中或投到毯子上。

（4）当孩子投中时，及时表扬孩子，如"孩子，你投得真准！再来一个！"当孩子没投中时，也要鼓励孩子再接再厉，继续加油。

游戏提醒

（1）用作投掷目标的物品，应尽量选择面积较大的，如口径大的篮子或大块毯子，这样可以增加孩子投中的概率，让孩子感受到其中的乐趣。

（2）用于投掷的物品要选择质地轻且柔软的物品，以免伤到孩子娇嫩的皮肤。

投掷大作战

游戏目的

锻炼孩子的上肢力量，促进孩子的手眼协调能力，提高身体的灵活性。

游戏准备

便于孩子抓握的物品，如沙包、海洋球、小号的毛绒玩具等；一个收纳筐。

游戏方法

（1）将准备的投掷品（沙包、海洋球等）放在收纳筐中，放到孩子身旁。

（2）爸爸或妈妈与孩子保持一定距离面对面站立，鼓励孩子将球投向爸爸或妈妈。

（3）爸爸或妈妈在孩子投掷的过程中可以左右移动来进行闪躲。

游戏提醒

（1）用于投掷的物品要选择质地轻且柔软的物品，以免伤到孩子娇嫩的皮肤。

（2）孩子的臂力有限，因此爸爸或妈妈与孩子的距离不宜太远。

（3）爸爸或妈妈躲避时不要太"灵活"，以免孩子总投不中而失去兴趣。

位移游戏

位移类的游戏对 1—1.5 岁的孩子有着深深的吸引力。这个年龄段的孩子进行位移游戏，可以增强孩子大腿肌肉的力量，提高孩子的平衡能力，促进孩子的大运动发育。

踢瓶子

锻炼孩子的下肢力量，提高孩子的大运动能力和身体协调性。

游戏准备

空矿泉水瓶、一些豆子。

游戏方法

（1）将一些豆子放在矿泉水瓶中，并盖上盖子，制成一个自带声响的瓶子。

（2）爸爸或妈妈将装了豆子的矿泉水瓶放在孩子脚边，让孩子向前踢。

（3）引导孩子追上瓶子，继续踢瓶子。

（4）在孩子踢瓶子的过程中，爸爸或妈妈可以与孩子抢着踢。

游戏提醒

（1）此游戏最好在开阔的地方进行。在游戏开始前，父母要将地面上可能会阻碍孩子的物品清除掉。

（2）孩子在玩此游戏时，可能会不小心被瓶子绊倒，因此玩游戏时父母要紧跟并看护好孩子，以防发生意外。

送玩具回家

游戏目的

锻炼孩子的四肢肌肉力量，提高孩子的平衡感。

游戏准备

孩子喜欢的玩具、收纳箱、美纹纸胶带。

游戏方法

（1）使用美纹纸胶带在地面上贴一些路线（如果是在户外，也可以直接用粉笔在地面上画出路线），可以是直线，也可以是折线。

（2）将玩具和它的"家"（收纳箱）分别放置在路线两端，让孩子拿起玩具沿着路线送玩具回家。

游戏提醒

　　游戏遵循从简单到难的原则，第一次玩这个游戏时，只画一条直直的路线，待孩子熟悉以后，再适当增加折线以及路线的数量。

攀爬游戏

攀爬游戏往往需要孩子手脚并用，1—1.5 岁的孩子进行攀爬游戏有助于孩子四肢肌肉的发展，增强孩子身体各个部位的协调能力，促进孩子大运动的发展，增强体质。

"翻山越岭"

游戏目的

锻炼孩子的四肢力量，提高孩子的身体协调能力，促进孩子的大运动发展，满足孩子的玩乐需求和探险需求。

游戏准备

被子、毯子、靠垫、枕头等。

游戏方法

（1）将被子、毯子等叠成方块状。

（2）将枕头、靠垫、叠好的被子等排成一排，形成高低起伏的"山峰"。

（3）引导和鼓励孩子攀爬过这些"山峰"。

游戏提醒

（1）游戏要在安全的地方进行，如有围栏的床上或者铺好软垫的地上。

（2）游戏时，爸爸妈妈要做好保护措施，避免孩子在游戏过程中意外摔伤。

"爸爸妈妈"牌攀爬架

游戏目的

锻炼孩子的身体平衡能力和四肢力量，培养孩子的空间概念。

游戏准备

一张平坦、舒适的垫子。

游戏方法

（1）爸爸妈妈趴在垫子上，撑起上半身。

（2）适当降低身体高度，让孩子爬上爸爸妈妈的后背。

（3）孩子成功后，可以让孩子坐在爸爸妈妈的后背上，爸爸妈妈前后移动或左右移动，同时说出"向前、向后、向左、向右"等方位词，让孩子认识前、后、左、右等空间概念。

游戏提醒

孩子在爸爸妈妈身体上攀爬时，爸爸妈妈要做好相应的保护措施，避免孩子摔伤。

平衡游戏

平衡能力是 1—1.5 岁的孩子需要发展的重要能力。和 1—1.5 岁的孩子开展平衡游戏，不仅能够促进孩子平衡能力的发展，还能促进孩子的小脑发育，提高孩子智力，增强孩子身体的灵活性。

小燕子飞飞

 游戏目的

锻炼孩子的平衡能力和身体感知能力。

游戏准备

椅子或床。

游戏方法

（1）爸爸或妈妈坐在椅子或床上，双脚并拢。

（2）双手拉住孩子的双手或者扶在宝宝腋下，让孩子趴在小腿上。

（3）小腿抬高、落下，让孩子像小燕子一样飞起、落下。

游戏提醒

（1）进行游戏时，爸爸妈妈速度不要过快，以免孩子受到惊吓。

（2）游戏过程中，爸爸妈妈要帮助孩子掌握平衡，以免孩子意外摔伤。

（3）游戏过程中，爸爸妈妈可以边进行动作边用语言描述，如"宝宝，要飞起来了""宝宝，要降落了"。这样可以让孩子提前知道接下来的动作，有所准备，同时也有助于提高孩子的语言能力。

平衡瑜伽球

游戏目的

锻炼孩子的身体平衡能力、身体灵活性，增强孩子身体核心肌肉群的力量，同时让孩子初步了解方位。

游戏准备

一个瑜伽球，一张平坦舒适的垫子。

瑜伽球

第四章　1—1.5 岁孩子陪玩游戏：关注体能与思维

95

游戏方法

（1）将瑜伽球放在垫子上。

（2）让孩子趴或坐在瑜伽球上。

（3）爸爸或妈妈手扶孩子身体，让孩子在前后或左右滚动的瑜伽球上保持平衡。

游戏提醒

（1）进行游戏时，瑜伽球滚动不要过快，以免孩子失去身体平衡，发生坠落意外。

（2）游戏过程中，爸爸妈妈要帮助孩子掌握平衡，以免孩子发生意外摔伤。

（3）游戏过程中，爸爸或妈妈让瑜伽球滚动时，可以同时进行语言描述，如"我们向前、向后、向左、向右"，让孩子对方位有初步的了解。

语言游戏

1—1.5 岁的孩子语言能力发展迅速，他们能理解简单的句子，并能说出一些词或短句。与这个年龄段的孩子进行语言游戏，能刺激孩子大脑发育，提升孩子的语言能力，并增进与孩子的感情。

指一指，说一说

游戏目的

锻炼孩子的语言表达能力，教他们认识身体部位。

游戏准备

沙发或平坦舒适的垫子。

游戏方法

（1）爸爸或妈妈与孩子面对面坐在沙发或垫子上。

（2）让孩子指爸爸或妈妈身体的某个部位，并说出该部位的名字。例如，可以对孩子说："宝宝，爸爸的鼻子在哪里？"孩子指出鼻子后，鼓励孩子说"鼻子"这个词。

游戏提醒

游戏过程中要考虑孩子的认知能力和语言能力，应从孩子熟悉的身体部位开始逐渐过渡到孩子不熟悉的身体部位。

跟手偶聊聊天

  游戏目的

锻炼孩子的语言表达能力，激发孩子开口的积极性。

游戏准备

一些手偶。

 游戏方法

（1）爸爸或妈妈将手偶套在手上。

（2）利用手偶编一个故事，进行表演。

（3）表演的同时模仿手偶与孩子互动聊天。例如，可以对孩子说："你好呀，我是小熊，你叫什么名字？"

小熊手偶

游戏提醒

（1）孩子面对感兴趣的话题会更愿意开口，因此利用手偶跟孩子聊天时，要根据孩子的兴趣灵活调整聊天内容。例如，可以将孩子喜欢吃的食物、喜欢的玩具等作为聊天内容。

（2）可以为孩子准备一个手偶，让孩子也加入表演中，增加孩子的参与感。

绘画游戏

1—1.5 岁的孩子能握住笔画点或简单的线条，此时陪孩子进行绘画游戏，能进一步增强孩子手部肌肉的力量，促进孩子手臂、手腕和手指的协调能力，同时也能提高孩子的专注力和观察能力。

手指画、蜡笔画

游戏目的

提高孩子手部肌肉的力量，增强孩子的观察能力和对色彩的感知能力，培养孩子的专注力和想象力。

游戏准备

绘画颜料（可以是食用色素、手指画颜料或蜡笔）、数张白纸、一件罩衣。

游戏方法

（1）为孩子穿好罩衣。

（2）将白纸铺在干净的桌子上，在白纸旁摆放好绘画的颜料（食用色素、手指画颜料或蜡笔等）。

（3）让孩子用小手指蘸取颜料绘画或用蜡笔绘画。

游戏提醒

（1）为孩子挑选颜料时要注意选择无毒无害的产品。

（2）在孩子绘画的过程中，要看护好孩子，避免孩子误食颜料。

（3）孩子是天生的绘画大师，在孩子绘画的过程中，爸爸妈妈不要按照自己的理解指导孩子绘画，要让孩子自己发挥创意。

在大自然中绘画

游戏目的

锻炼孩子手臂的力量，增强孩子手部的协调能力，提升孩子的想象力和创造力。

游戏准备

一根较光滑的树枝或适合手握的石头、一块平整的沙地或土地。

游戏方法

（1）将活动区域内的石头或其他杂质清理干净，让孩子直接用小手或树枝、石头等在沙地或土地上绘画。

（2）在绘画的过程中，爸爸妈妈可以就孩子画的内容与孩子聊天，从而了解孩子内心的想法。

孩子用小手在沙子上绘画

 游戏提醒

（1）孩子使用树枝、石头等工具在大自然中绘画时，爸爸妈妈要注意看护好孩子，避免树枝、石头等弄伤孩子。

（2）干燥的沙土容易被风扬起，可能会进入孩子眼睛中，爸爸妈妈可以带一些水，将沙土打湿，湿润的沙土既不易扬起，也方便孩子绘画。

第五章

1.5—2 岁孩子陪玩游戏：
学会探索与创造

1.5—2 岁孩子的神经系统会迎来一个较快发展的阶段，他们的大动作和精细动作会发展较快，可以自如地走、跑、蹲、起、转弯等。此外，他们的心理方面也在不断发展。此时，爸爸妈妈可以有意识地与孩子互动，有针对性地引导孩子做游戏，促进孩子的运动能力、智力、语言能力等的快速发展。

跑跳游戏

不同孩子的大动作发育情况不同，但基本上 1.5—2 岁的孩子已经逐渐能够控制自己在快走中的身体协调与平衡，发育较快的甚至能很轻松、平稳地起跑、急停，并学做双脚跳。但是，如果你的孩子还不能很顺畅地完成以上动作也没关系，因为这是一个循序渐进的过程。跑跳游戏可以进一步促进孩子体能发展、身体发育，帮助孩子掌握更多本领。

跑的游戏

 游戏目的

锻炼孩子的下肢力量和身体协调能力，让孩子走得更平稳，

并掌握起跑、跑进中急停、跑进中转身等动作。

游戏准备

一块平整、宽阔、无障碍物的场地，一只气球，一面小镜子。

游戏方法

方法一：追气球。将一块重物坠在氢气球的下方，让氢气球能平稳飘动而不飞走。在室内或户外场地中，给气球一个力使之移动，引导孩子去追气球，使其不自主地移动脚步和身体。

方法二：抓阳光。在阳光晴好时，拿一面小镜子，将窗外的阳光反射到墙壁上，引导孩子移动脚步去追逐和抓握反射的阳光。

游戏提醒

（1）如果孩子刚吃完柑橘类水果，应洗干净手、脸后再玩追气球的游戏，以免气球爆炸伤到孩子。

（2）根据孩子的走跑能力和反应能力，有节奏地调整反射的阳光移动速度，快慢适宜。

跳的游戏

 **游戏目的**

锻炼孩子下肢力量和身体协调性，增强空间感和跳的意识，引导孩子逐渐学会双脚跳。

游戏准备

有弹簧床垫的床、一个柔软质地的玩具球、若干彩色粉笔、一些水、一块宽敞平整的运动场地。

游戏方法

方法一：弹力跳。让孩子站在床上，轻轻按压床垫使其下陷、回弹，让孩子体验起跳的运动感觉。也可在蹦床上开展该游戏。

方法二：抛接球。和孩子相互抛接小球，引导孩子在抛球的过程中学会起跳，提高身体协调能力。

方法三：跳房子。在地上画"房子"，带孩子玩跳房子游戏。

方法四：踩水坑。小孩子大都喜欢玩水，可以找一块浅洼地面，倒一点水，让孩子踩水和自主双脚跳水坑。

游戏提醒

孩子刚接触此类游戏或对身体控制能力不足时，可能会重心不稳而摔倒，爸爸妈妈应时刻在旁保护孩子。

指认游戏

1.5 岁以后的孩子大脑发育较快，孩子对周围的一切感到好奇并想去了解、认识。此时，爸爸妈妈应该抓住机会，带孩子认识周围的一切人、事、物，丰富孩子的认知。

识图认物

游戏目的

提高孩子观察、认识事物的能力，锻炼孩子的记忆力和专注力。

游戏准备

有动植物、日常生活内容的图片或绘本。

游戏方法

方法一：认读卡片。挑选孩子熟悉、感兴趣的图片、卡片，为孩子讲解图片内容，引导孩子指认事物、复述关键词。

方法二：亲子阅读。给孩子展示绘本图画内容，如介绍图画中的动物，并模仿它们的叫声。

游戏提醒

（1）家长带孩子认识的图片或绘本中的事物应是孩子日常能看到或接触到的，和孩子的日常生活相关。

（2）如果想教宝宝认字，不要在读绘本时突然问孩子某个字念什么，这样会打断孩子的思路和注意力。针对 1.5—2 岁孩子不必着急或特意教认字，看得多了孩子自然会记住。

（3）1.5—2 岁孩子还不太能理解有情节起伏的故事，为孩子挑选相应的图片、绘本时应注意这一点。

多彩世界

游戏目的

提高孩子的颜色观察、认知能力以及手眼协调能力，丰富孩子的手指精细动作。

游戏准备

填色卡、画笔、若干带颜色的小球和纸杯、透明色卡。

游戏方法

方法一：颜色填空。让孩子观察只涂了一半颜色的各种图形，引导孩子将图形中剩余的颜色填满。

方法二：颜色配对。引导孩子将红、黄、蓝等各种颜色的小球放到对应颜色的纸杯中。纸杯可由爸爸妈妈提前涂上与不同小球对应的颜色，也可用小桶、盆、纸盒等容器代替纸杯。

方法三：颜色叠加。透明色卡若干张，让孩子观察和指认不同颜色，并观察和指认不同颜色的透明色卡叠加在一起的颜色。

（1）教导孩子填色时，给孩子选用安全无毒、可水洗的画笔。

（2）修剪卡片锋利的边角，避免划伤孩子。

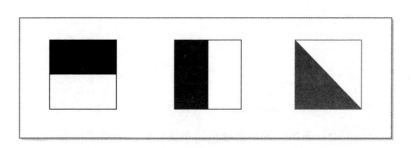

填色卡

数字游戏

1.5—2 岁幼儿还没有数字概念，但这一阶段可以通过数字游戏来培养他们的数感，为孩子日后认识数量奠定基础。

数字点画

游戏目的

让孩子熟悉数字，培养孩子的数感和专注力，锻炼孩子手部精细动作。

游戏准备

一张写有数字0—9的卡片、手指画颜料、海绵棒。

游戏方法

（1）将数字卡放到孩子面前，引导孩子用手指或海绵棒蘸取颜料涂数字。可以通过创编情境的方式引导孩子，如"数字宝宝要参加舞会，你能把它的身体装饰得更漂亮吗？"

（2）当孩子完成一个数字的点画时，爸爸妈妈要向孩子描述数字，如"0，圆圆的0"，"笔直的1做好啦"。

游戏提醒

（1）如果家里没有手指画颜料，可以让孩子用画笔描画数字。

（2）让孩子认识数字，但不强求孩子记住数字，数字游戏玩多了孩子自然就记住了。

数字点画

捏数字

 游戏目的

培养孩子的数感，提高孩子对数字的认知和记忆。

游戏准备

数字卡片、轻黏土。

游戏方法

（1）向孩子展示数字卡片。

（2）邀请孩子一起动手，比照卡片上的数字，将轻黏土捏成数字的样子。

用轻黏土捏成的数字

游戏提醒

（1）孩子捏的数字不规范也没关系，重要的是孩子在数字造型的过程中了解数字的形状或结构，将抽象数字形象化，方便记忆和理解数字。

（2）游戏过程中，避免孩子用碰触过轻黏土的手去碰触眼睛和嘴巴。

（3）游戏结束后，及时带孩子洗手。

分拣游戏

1.5—2 岁的孩子已经懂得不同事物之间的联系了，如积木可以叠摞、圈可以套住其他物体，此时通过设计一些分拣游戏，可以让孩子了解类的概念。

找找看

 游戏目的

帮助孩子建立分类的意识，促进孩子的大脑发育，提高孩子的观察力和手部精细动作能力。

游戏准备

不同种类的玩具和家用小物品，若干小纸板、彩笔。

游戏方法

（1）爸爸或妈妈在纸板上简单画出不同事物或场景，如一件衣服、一片草地和围栏、一片海洋等。

（2）将准备好的不同物品混放在一起，然后向孩子描述情景，如"衣服的扣子掉了，请你把它们找回来吧"，"小动物们该吃草了，请你带小动物回家吧"，"帮鱼儿回到大海吧"等。

（3）引导孩子尽量快速地分拣出物品。

游戏提醒

（1）混放的物品数量应适宜。

（2）防止孩子误吞小物品或小零件。

帮玩具回家

游戏目的

帮助孩子识别图形、理解事物关系，提高手眼协调能力。

游戏准备

玩具分拣机（类型根据需要选择）。

玩具分拣机

第五章 1.5—2 岁孩子陪玩游戏：学会探索与创造

121

游戏方法

（1）给孩子一个玩具分拣机，引导孩子将不同玩具建立联系，将同类物品或对应物品分拣出来。

（2）可以混入其他玩具，增加游戏难度。

游戏提醒

（1）不要强迫孩子去记或背图形名称，通过不同的镶嵌尝试，孩子可以逐渐建立图形概念，知道不同事物之间是有区别的。

（2）当孩子放错时不要着急去帮孩子摆正方向或调整摆放位置，给孩子探索和尝试的机会。

角色扮演

角色扮演是非常有趣的亲子游戏，能有效提高孩子的认知、情绪感知、思考、语言表达、社交等多项能力。

照顾小宝宝

 游戏目的

培养孩子对事物的认知能力和良好的生活习惯，提高孩子的表达能力。

游戏准备

毛绒玩具、玩具牙刷、玩具水果、小毛巾、小毯子等。

游戏方法

（1）爸爸或妈妈为孩子描述情景，帮助孩子代入角色，如"小熊宝宝（事先准备好的毛绒玩具）该起床了，可是它不愿意起床穿衣服，也不会刷牙洗脸，你能帮帮它吗？"引导孩子来照顾玩具小熊，完成日常起床、洗漱流程。

（2）爸爸或妈妈接着创设游戏情境，引导孩子照顾毛绒玩具吃饭、吃水果等。

游戏提醒

（1）避免孩子误食小玩具或玩具零件。

（2）鼓励孩子自己说和做，如孩子出现演示错误可在旁稍作提醒，但不要一直干扰或打断孩子。

职业体验

游戏目的

提高孩子的情绪感知能力、共情能力、语言表达能力，帮助孩子认识职业和职业行为。

游戏准备

不同职业装扮的人物卡片或职业行为卡片；若干玩具道具，如消防车、小铲子、听诊器、小飞机等。

游戏方法

（1）向孩子展示相关职业人员的职业形象或职业行为。

（2）为孩子大致介绍相关职业的主要工作内容。

（3）创设职业体验情境，引导孩子体验职业，如"森林里着火了，我们现在需要马上开着消防车去灭火""小熊的肚子痛，请你来检查下它是不是生病了"等。

游戏提醒

（1）职业角色不宜过多，以免导致孩子记忆混乱。根据孩子的可接受程度，一次体验一两个职业角色。

（2）根据孩子的认知程度，爸爸或妈妈在孩子旁边描述、提醒具体行为。如果孩子能很好地进入角色，则不必上前打扰。

积木与拼图

积木与拼图游戏有助于提高 1.5—2 岁孩子的动手与动脑能力，培养孩子的耐心与专注力。

积木游戏

游戏目的

培养孩子的专注力、手部精细动作能力，提高孩子的空间思维能力、分辨能力、想象力、创造力等。

游戏准备

不同造型的大颗粒积木块若干。

游戏方法

方法一：积木垒高。和孩子进行比赛，看谁垒的积木更高。

方法二：积木造型。和孩子一起合作，用不同造型的积木拼建小房子、小桥、小汽车等。

方法三：颜色配对。分拣积木，将不同颜色的积木堆放在一起。

陪孩子一起玩积木

游戏提醒

（1）根据孩子的认知程度和兴趣，搭建孩子熟悉的事物。

（2）在玩积木过程中也可以结合需要创造更多玩法。

拼图游戏

游戏目的

提高孩子观察、认识事物的能力和逻辑思维能力，增强孩子的动手能力。

游戏准备

大块拼图若干。

心形拼图

钥匙和锁拼图

动物拼图

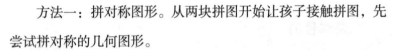

游戏方法

方法一：拼对称图形。从两块拼图开始让孩子接触拼图，先尝试拼对称的几何图形。

方法二：拼事物。引导孩子将三或四个拼图拼成一个完整事物。比如，拼图碎片为动物的头、身体或尾巴，通过三块拼图组合成一个动物。

方法三：拼场景。引导孩子观察不同事物的外形和轮廓，将其放在拼图中合适的位置，复原拼图场景。

方法四：关联事物配对。引导孩子将两个相关事物的拼图块拼在一起。

游戏提醒

（1）结合孩子的年龄和认知特点挑选适合孩子的拼图，拼图块应大，拼图块数量应少，拼图形状应简单，拼图块应色彩鲜明、容易区分。

（2）拼图内容应是孩子熟悉和感兴趣的事物或人物形象。

（3）不要强求孩子完成他难以完成的复杂拼图，以免打击孩子参与游戏的积极性。

复述与自主表达

1.5—2 岁是孩子愿意开口表达的一个时期，爸爸妈妈应多创造让孩子说的机会，鼓励孩子开口表达。

跟我说

游戏目的

培养孩子的语言表达能力，提高孩子在看到某事物时主动表达的意愿和自信。

游戏准备

玩具、卡片若干。

游戏方法

（1）让孩子挑选玩具或卡片，引导孩子复述爸爸妈妈的话，如问孩子："你想要什么颜色的，红色？"引导孩子说"红色"。

（2）将玩具或卡片藏在身后（让孩子能看到），询问孩子玩具藏在哪里，如问孩子："左边？右边？"引导孩子说出"左边"或"右边"。

游戏提醒

（1）让孩子观察自己的口型，及时纠正孩子的错误发音。

（2）将玩具藏起来时，要让孩子看见藏的过程，或让孩子看到藏着的玩具边缘。

接背儿歌

游戏目的

培养孩子的语言表达能力、思考能力和记忆力。

游戏准备

与儿歌内容相关的卡片或音视频。

游戏方法

（1）每天抽时间让孩子听儿歌，或唱儿歌给孩子听。

（2）待孩子熟悉儿歌后，爸爸或妈妈说上一句，让孩子接背下一句，或爸爸妈妈说前半句，引导孩子说出最后几个字或一个字。比如，爸爸妈妈说"小兔子……"，让孩子接着说"乖乖"，爸爸妈妈说"把门"，让孩子接着说"开开"。

（3）展示儿歌相关卡片，引导孩子说出儿歌内容。

游戏提醒

（1）让孩子观察自己的口型，家长要及时纠正孩子的错误发音。

（2）可以用古诗代替儿歌。

第六章

2—2.5 岁孩子陪玩游戏：
独立与智力启蒙

2—2.5 岁孩子对周围事物的认知已经非常丰富，并建立了自己的认知体系，对事物的思考不仅局限于外部颜色、形状等，智力也有较快发展。这一阶段，爸爸妈妈可以通过一些针对性游戏帮助孩子提高动手能力、掌握生活技能、提高数感，培养孩子对序列、方位、时间等抽象事物的感知力。

穿脱游戏

随着孩子大动作和精细动作的不断发展，2—2.5 岁孩子开始对穿脱动作感兴趣。此时爸爸妈妈可以有意识地引导和鼓励孩子参与穿脱游戏，让孩子在游戏中提高动手和自理能力。

小脚钻山洞

培养孩子的自理意识，教导孩子掌握穿脱裤子的本领。

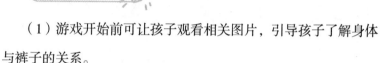

一条或两条舒适宽松的裤子、火车钻山洞的图片。

（1）游戏开始前可让孩子观看相关图片，引导孩子了解身体与裤子的关系。

（2）为孩子创设游戏情境，如"小脚坐着火车去外婆家，遇到一个裤子山洞，快帮它钻过去吧。"

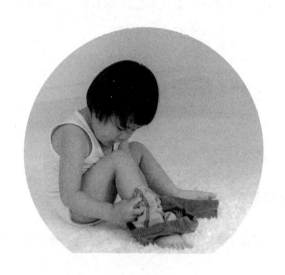

自己换衣服的孩子

游戏提醒

（1）当孩子需要帮忙时，爸爸妈妈可以协助孩子完成游戏。当孩子完成后要及时表扬孩子。

（2）从穿脱裤子开始，待孩子熟练掌握穿脱裤子技能后，再进行穿脱上衣的练习。

参加舞会

游戏目的

培养孩子给鞋子配对、穿脱鞋子的能力，提高孩子的想象力。

游戏准备

两三双不同风格的童鞋。

游戏方法

　　创设游戏情境，如邀请孩子去参加王子或公主举办的舞会（或运动会），鼓励孩子给鞋子配对，并尝试挑选、穿脱所需要的鞋子。

游戏提醒

（1）先学脱鞋子，再学穿鞋子。

（2）爸爸妈妈可以先示范，然后鼓励孩子自己尝试。

（3）举一反三，引导孩子尝试穿脱袜子。

（4）必要时，从旁协助和保护孩子。

整理游戏

爸爸妈妈可以和 2—2.5 岁孩子开展整理游戏，这样不仅可以提高孩子动手的能力，让孩子产生劳动意识，还能让孩子建立规则意识。

整理"货架"

游戏目的

丰富孩子的认知，提高孩子的分类、整理能力，引导孩子参与家庭生活，帮助孩子建立家庭意识。

游戏准备

玩具水果、玩具蔬菜、牛奶盒等常见物品。

游戏方法

描述游戏情景，如邀请孩子跟自己去"超市"购物，发现超市的货架上的东西全放乱了，请孩子帮忙整理。

游戏提醒

（1）刚开始孩子可能分不清蔬菜或水果，或摆放无序，爸爸妈妈可以从旁协助，再引导孩子自己动手做。

（2）对孩子的整理行为和表现及时做出评价反馈。

整理"房间"

游戏目的

增强孩子的整理意识，培养孩子良好的生活习惯。

游戏准备

过家家用的玩偶、小衣服、桌椅等常见生活物品类玩具。

游戏方法

和孩子一起玩过家家游戏，如去玩具娃娃家做客，可是娃娃的房间有点乱，引导孩子帮助玩具娃娃整理房间。

游戏提醒

（1）在孩子整理的过程中，即便出现了错误也不要急于指明，以免对孩子形成干扰，避免打击孩子参与整理的积极性和信心。

（2）引导孩子整理自己的玩具、衣服、绘本等。

（3）为孩子的整理提供便利，如为孩子准备属于他/她自己的小衣柜、玩具收纳盒或收纳箱。

数量游戏

在孩子已经建立数感的基础上，可以通过数量游戏进一步使孩子强化数量概念，帮助孩子建立逻辑思维，促进孩子大脑发育。

分果果

游戏目的

培养孩子的数感，使孩子初步建立数的概念；培养孩子的分享意识，增进亲子关系。

游戏准备

干净的水果若干。

游戏方法

（1）爸爸妈妈和孩子围坐在一起，请孩子将手中的水果分享给爸爸妈妈。

（2）当孩子递给爸爸或妈妈水果时，爸爸或妈妈根据接收到的水果数量，用语言反馈孩子，如"妈妈2个，谢谢宝贝"，"爸爸1个，好大啊"。

游戏提醒

（1）游戏中的水果也可以用玩具代替。

（2）一次游戏中，最好选用同一种类物品做游戏道具，如3个苹果、6个玩具小汽车。避免2个苹果1个芒果的搭配，这样会让游戏复杂化，孩子既要辨识物品又要分配物品，会弱化游戏的效果。

（3）游戏中涉及的玩具数量不宜过多，以不超过10个为宜。

数豆豆

游戏目的

培养孩子的数感，帮助孩子理解数量的含义，发展孩子的手部精细动作。

游戏准备

数字玩具若干、轻黏土捏成的小球若干。

游戏方法

（1）和孩子一起将轻黏土捏成大小相当的小球。

（2）引导孩子根据数字抓取数量合适的小球。

（3）放不同数量的小球，让孩子选出对应的数字。

游戏提醒

（1）游戏中用到的轻黏土小球可以用豆子、小棒等代替。

（2）防止孩子误吞误食细小物品。

序列游戏

2—2.5 岁的孩子思维能力逐渐增强，在这个阶段与孩子进行序列游戏能够帮助孩子认识序列、拓宽思维，为将来的学习打下良好的基础。

大娃娃套小娃娃

游戏目的

让孩子在游戏中通过观察、分析，感知事物的大小差异，按照大小对事物进行排序，认识序列，提高逻辑思维能力。

套娃玩具（可以用几个大小不等、能够嵌套在一起的纸杯替代）。

套娃玩具

游戏方法

（1）爸爸妈妈拿出套好的娃娃，对孩子说："宝宝，你猜猜这个里面有什么？"然后让孩子自己打开套娃。

（2）当孩子把所有的套娃都打开后，让孩子比较娃娃的大小。

（3）引导孩子把套娃按从小到大的顺序排列摆放，再让孩子把摆放好的套娃组合套起来。

（1）孩子初次玩此游戏时，可以减少套娃的数量，待孩子熟悉后再逐渐增加套数。

（2）避免说教干涉，尝试让孩子自己探索，孩子在探索的过程中可以自然而然地认识到序列的含义。

给家庭成员排排队

游戏目的 ><

锻炼孩子的观察和分析能力，让孩子建立序列思维，促进孩子的思维能力。

游戏准备 🌙

全体家庭成员（也可以用毛绒玩具替代）。

毛绒玩具家庭

游戏方法

（1）爸爸妈妈可以为孩子编一个故事，如"在序列王国中，所有人都要按顺序排列，今天我们就要去序列王国里逛一逛，但是我们要按顺序排好队才能进入序列王国的大门。宝宝，你能为我们家的成员按照身高排排队吗？"

（2）引导孩子根据个子高和矮，对家庭成员进行排序。

游戏提醒

爸爸妈妈可以借助"顺序王国"的故事框架，让孩子对更多的事物进行排序，如将毛绒玩具按照大小排序，将木棒按照长短排序，等等。

方位游戏

大部分 2—2.5 岁的孩子对方位还没有形成正确的认识，父母可以通过方位游戏，帮助孩子建立方位感和空间感，从而能够正确辨别方位。

藏玩具，找玩具

 游戏目的

让孩子感知空间，熟悉里、外、上、下等方位，促进孩子空间知觉的发展。

孩子喜欢的玩具、一个收纳盒。

游戏方法

（1）爸爸妈妈将孩子喜欢的玩具藏到收纳盒的不同方位（里面、外面、上面或下面），然后让孩子去找。

把玩具藏在纸盒里

（2）当孩子找到时，让孩子说出是在哪里找到的玩具，引导孩子说出里、外、上、下等方位词。

（3）孩子找到玩具后，让孩子藏玩具，爸爸妈妈来找。当父母找到玩具时，用方位词描述出玩具藏在了哪里。

游戏提醒

（1）2—2.5岁的孩子可能还不能准确地分清上、下、里、外等方位，游戏中让孩子对方位有初步的认识即可，不必要求孩子掌握。

（2）为了方便孩子找到玩具，在藏玩具时可以选择体型较大的玩具，并且不要藏得太隐秘，以免孩子找不到玩具失去兴趣。

捉迷藏

游戏目的

让孩子感知空间，熟悉前、后等方位，增强空间感，为将来抽象空间能力的形成奠定基础。

游戏准备

一间适合躲藏的房间或户外。

游戏方法

（1）爸爸妈妈闭上眼睛，从 1 数到 20，在数数的同时，让孩子自己找地方藏起来。

（2）爸爸妈妈睁开眼睛，寻找躲起来的孩子。

（3）爸爸妈妈找到孩子后，询问孩子："宝宝，你藏在哪里了？"引导孩子说出带方位的词语，比如窗帘后面。

（4）让孩子数数，爸爸妈妈藏，孩子找到爸爸妈妈后，询问孩子爸爸妈妈藏的位置，引导孩子说出带方位的词语。

游戏提醒

（1）在游戏前，将活动场地中可能会绊倒孩子的物品清理干净，以免孩子在跑动的过程中受伤。

（2）父母在躲藏时，不要藏得过于隐蔽，以免孩子找不到父母而着急。

时间游戏

2—2.5 岁的孩子通常对时间的概念还不是很清晰，此时父母通过时间游戏能够让孩子初步了解时间，对时间概念有基本的认知。

洋娃娃的一天

 **游戏目的**

让孩子通过观察时钟认识整点时间，对时间有基本概念。

游戏准备

一个洋娃娃、一个时钟玩具。

游戏方法

（1）爸爸妈妈将时钟玩具拨到7点，然后对孩子说："宝宝，你看，现在是7点钟，该叫洋娃娃起床了。"孩子假装叫醒洋娃娃，给洋娃娃穿衣、洗漱、梳妆打扮。

（2）爸爸妈妈再将时钟玩具拨到8点，然后对孩子说："现在是8点钟，洋娃娃该吃早饭了。"如此，将洋娃娃一天的作息时间用时钟玩具表现出来，让孩子在玩洋娃娃的过程中认识时间，形成基本的时间概念。

游戏提醒

（1）孩子认识时间是从整点开始的，因此在游戏时，先教孩子认识时钟的整点，如果孩子已经掌握，可以再教孩子认识时钟的半点。

（2）在日常生活中，爸爸妈妈可以有意识地引导孩子看时钟，如晚上8点时，对孩子说："宝宝，你看现在短针指向8，长针指向 12，这就是 8 点，咱们该洗漱了。"慢慢地，孩子就能认识时间。

计时游戏

游戏目的

让孩子通过游戏对时间的长短有初步的概念。

游戏准备

10 个小球、一个用于收纳小球的筐。

游戏方法

（1）爸爸妈妈先将收纳筐放在一个固定位置，然后将起点设置在距离收纳筐 2—3 米的地方。

（2）让孩子从起点一次运 1 个球到收纳筐，运完 5 个球停止。在这个过程中，父母记录孩子运完 5 个球花费的时间。

（3）让孩子从起点一次运 1 个球到收纳筐，运完 10 个球停止。在这个过程中，父母记录孩子运完 10 个球花费的时间。

（4）父母询问孩子："运 5 个球花的时间长还是运 10 个球花的时间长？"让孩子通过游戏，了解时间的长短。

游戏提醒 ⌣

（1）在游戏开始之前，将地上的杂物清理干净，以免孩子被绊倒受伤。

（2）在生活中，多为孩子计时，能让孩子逐渐理解时间的概念。

分辨游戏

2—2.5 岁的孩子思维能力发展迅速，多做分辨游戏（如找不同、分辨声音、分辨味道等），可以促进他们的大脑发育，增强他们的逻辑思维能力。

分辨事物的不同类型

游戏目的

锻炼孩子的观察能力和专注力，培养孩子的逻辑思维能力。

游戏准备

不同类型的事物卡片。

游戏方法

（1）拿出4张事物卡片，并确保其中一张卡片上的事物类型与其他三张不同。

（2）让孩子分辨出哪张卡片上的事物类型与其他卡片不同。比如，拿出香蕉、橙子、苹果以及小猫的卡片，让孩子选出不同类型的那张。

类型不同的4张卡片

游戏提醒

（1）在游戏前爸爸或妈妈需要先让孩子了解事物的类型，例如，苹果、梨是水果，猫、狗是动物。

（2）游戏可以根据孩子的情况，适当调整难度，如将卡片增多至 5 张或减少至 3 张。

分辨味道

游戏目的

刺激孩子的嗅觉和味觉，使孩子的感觉器官更加灵敏。

游戏准备

醋、苹果、大葱、梨、橘子、火龙果等。

第六章　2—2.5 岁孩子陪玩游戏：独立与智力启蒙

游戏方法

方法一：爸爸或妈妈将醋、苹果、大葱等放到孩子面前，一边为孩子介绍物品一边让孩子闻这些物品的味道，然后让孩子闭上眼睛，随机选择其中一件物品，让孩子闻一闻并说出是什么物品以及物品的味道。

方法二：爸爸或妈妈将苹果、梨、橘子、火龙果等切成小块，放到孩子面前，一边介绍水果的名字一边让孩子品尝这些水果，然后让孩子闭上眼睛，随机选择其中一种水果，让孩子尝一尝并说出是什么水果以及水果的味道。

游戏提醒

准备材料时，要选择气味或味道具有明显差异的物品或食物，这样孩子可以轻松地区分出来。

分辨小动物的叫声

游戏目的

刺激孩子的听觉，使孩子的听觉更灵敏。

游戏准备

不同动物叫声的音频。

游戏方法

（1）爸爸妈妈播放动物叫声的音频，播放时跟孩子一起讨论是哪种动物的叫声，并对叫声进行模仿。

（2）爸爸妈妈随机挑选一个音频进行播放，让孩子说出是什么动物的叫声。

游戏提醒

（1）播放音频时，声音不宜过大，以免损害孩子的听觉器官或惊吓到孩子。

（2）选择音频时，以常见动物的音频为主。

解决问题

2—2.5 岁的孩子思维能力还不够成熟，与这个年龄段的孩子一起玩解决问题游戏，有助于提升孩子的逻辑思维能力，提高孩子的动手能力和解决实际问题的能力。

小动物爱吃什么

 **游戏目的**

让孩子认识事物之间的关联性，拓宽孩子的知识面，培养孩子的逻辑思维能力。

游戏准备

一些小动物以及小动物爱吃的食物的卡片，如牛、草、兔子、胡萝卜、青蛙、蚊子、鸡、小米等。

游戏方法

（1）爸爸妈妈将准备好的图片随意摆放在孩子面前。

（2）引导孩子将小动物和爱吃的食物两两配对。例如，牛爱吃草，就将牛和草配对，兔子爱吃胡萝卜，就将兔子和胡萝卜配对。

两两配对的图片

（1）选择卡片时，先选择常见的动物，再逐渐拓展到不常见的动物。

（2）当孩子熟悉游戏以后，可以适当增加游戏难度，如制作动物生活的环境卡片，让孩子进行配对。

在积木迷宫中找寻宝藏

游戏目的

培养孩子的动手能力，锻炼孩子解决问题的能力。

游戏准备

积木、孩子喜欢的小型玩具。

第六章　2—2.5岁孩子陪玩游戏：独立与智力启蒙

游戏方法

（1）爸爸妈妈用积木搭建一座迷宫，告诉孩子："宝宝，这是一座藏有宝藏的迷宫，从入口进去，走到出口才能找到宝藏，你有信心找到宝藏吗？"

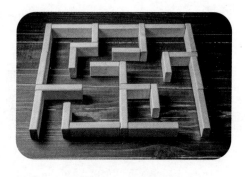

用积木搭建的迷宫

（2）引导让孩子手执玩具，从迷宫入口尝试走到迷宫出口。

游戏提醒

（1）初次玩此游戏时，父母要搭建简单的迷宫，待孩子熟悉游戏后，再搭建较复杂的迷宫。

（2）当孩子熟悉游戏后，可以跟父母互换角色，由孩子搭建迷宫，父母来完成挑战。

第七章

2.5—3 岁孩子陪玩游戏：
促进社会力发展

2.5—3 岁前后是孩子社会性发展的关键时期，爸爸妈妈平时可以多和孩子玩一些有针对性的亲子游戏，如交往游戏、表达游戏、记忆游戏、推理游戏等，寓教于乐。通过游戏提升孩子的语言表达能力、记忆能力、逻辑思维能力、专注力等，培养孩子自信、勇敢的品质，为孩子的社会化发展和健康成长打下基础。

交往游戏

2.5—3 岁这一年龄段的孩子产生了初步的社交意识，对此，爸爸妈妈可以和孩子做一些有趣的社交游戏，在游戏中培养孩子的社会性，提升孩子的社会交往能力，让孩子体会到社交的快乐。

请你做我的好朋友

游戏目的

提升孩子的社会交往意识，教会孩子基本的礼貌用语。

游戏准备

一块干净、舒适的地毯。

游戏方法

（1）全家人围坐在地毯上，扮演孩子的同龄人。

（2）孩子点兵点将，点到谁谁就站起来，向孩子介绍自己。比如，爸爸站起来说："你好，我叫×××，我今年两岁半。"

（3）先给孩子示范，引导孩子礼貌地回应并发出交友请求："你好，我叫×××，我今年3岁，请问你可以做我的好朋友吗？"

（4）爸爸对孩子说："我很高兴成为你的好朋友，咱们一起握握手。"和孩子握握手。引导孩子表达感谢："谢谢你做我的好朋友。"

游戏提醒

（1）最好全家人都参与到这一游戏中来，营造更好的游戏氛围，令孩子沉浸其中。

（2）玩游戏时，应关闭电视，并将手机、iPad等电子产品放在孩子看不见的地方，以免分散孩子的注意力。

今天我当家

游戏目的

提升 2.5—3 岁孩子的社会交往能力，培养孩子的独立自主意识和待客礼仪。

游戏准备

毛绒玩具狗、儿童水果拼盘玩具、儿童烹饪玩具、塑料水杯。

游戏方法

（1）告诉孩子："邻居奶奶要带着她的宠物狗来家里做客，今天你是小主人，快准备一下吧。"

（2）引导孩子准备好待客的儿童水果拼盘玩具、儿童烹饪玩具、塑料水杯。

（3）装扮成邻居奶奶，抱着毛绒宠物狗，假装敲门。引导孩子开门后向"邻居奶奶"问好，并请奶奶入座。

（4）引导孩子请奶奶喝水，并端出水果拼盘玩具，邀请奶奶吃水果。

（5）引导孩子拿出烹饪玩具，为邻居奶奶准备晚餐。

孩子亲自"下厨"准备晚餐

游戏提醒

（1）玩游戏前，爸爸妈妈可以先和孩子互动"复习"基本的待客礼仪和礼仪语言，如引导孩子说"您好""请坐""请喝水""请您稍等一会儿"等礼貌用语。

（2）游戏中，爸爸妈妈可以引导孩子，但不要干涉孩子，应由孩子来主控游戏进展。

（3）游戏后，让孩子自己收拾道具，将玩具放回之前的位置。

（4）游戏后，和孩子一起复盘并告诉孩子哪些地方做得非常好，值得鼓励，哪些地方还不够细致、周到，需要在下次游戏中改进。

表达游戏

2.5—3 岁的孩子正处于语言敏感期，能够说一些比较完整的复合句，在爸爸妈妈的引导下，能够回答一些简单的问题。爸爸妈妈平时可以多和孩子玩一些新颖有趣的表达游戏，在游戏中提升孩子的语言表达能力，促进孩子的社会认知发展。

动物小卡片

游戏目的

提升 2.5—3 岁孩子的词汇量，教会孩子正确运用不同的词语，锻炼孩子的联想能力和语言表达能力。

游戏准备

一沓动物图画卡片、一块干净舒适的地毯。

游戏方法

（1）和孩子一起席地而坐，将动物卡片倒扣、摊开在地毯上，让孩子从中选取一张卡片。

（2）询问孩子抽到的卡片上的动物是什么。

（3）让孩子仔细观察图片，然后问孩子这只动物正在做什么。比如，问孩子："图片上的小狗正在做什么呀？"引导孩子回答说："这只小狗正在开心地晒太阳。"

（4）让孩子依次抽出卡片，鼓励孩子分别描述这些动物正在做什么。

游戏提醒

（1）孩子的语言表达能力有限，当孩子回答得不顺畅的时候，爸爸妈妈可以及时给予提示，引导孩子继续说下去。

（2）孩子说得不对或发音不准确的时候，爸爸妈妈不要急于纠正，应耐心地引导、鼓励孩子说完，然后告诉孩子正确的表达方式。

我们一起讲故事

游戏目的

激发和培养孩子的想象力，锻炼孩子的思考力与表达力，加快孩子学习语言的速度，强化孩子的听说能力。

游戏准备

几张卡通图画卡片、一块干净舒适的地毯。

游戏方法

（1）和孩子一起席地而坐，将卡通图画卡片倒扣、摊开在地毯上，引导孩子从中选取一张卡片。

（2）询问孩子抽到的卡片上画着什么。爸爸妈妈可以围绕着孩子抽到的卡片内容编一个故事的开头。比如，孩子抽到了一朵花，爸爸妈妈可以说："从前，有一朵花长在大山里，它非常漂亮，有着红色的花瓣，绿色的叶子，周围的花都没有它长得好看……"

（3）说到关键的时候，故意停顿下来，问孩子接下来发生了什么。不管孩子怎样回答，爸爸妈妈都可以顺着孩子的话，继续把故事编下去。

游戏提醒

（1）孩子的语言表达能力有限，可能经常有回答不出来的情况，爸爸妈妈要保持耐心，引导孩子将故事编下去。比如，爸爸妈妈可以这样说："因为周围的花都没有它好看，于是这朵小花变得越来越骄傲，是不是这样啊，宝宝？"

（2）有的孩子可能会奇思妙想，说出一些不合常理的话，但无论听起来有多"离谱"，爸爸妈妈也要顺着孩子的话说下去，夸赞孩子想象力丰富，鼓励孩子多多表达。

记忆游戏

2.5—3 岁孩子的记忆力和联想能力都有了明显的提高。爸爸妈妈要把握孩子大脑发育的黄金期，通过一些简单有趣的记忆游戏、记忆训练活动来锻炼孩子的记忆力和专注力，培养孩子的观察能力，为孩子的健康成长打下坚实的基础。

画一画，今天发生了什么

游戏目的

锻炼 2.5—3 岁孩子的专注力，促进孩子的联想能力和逻辑思维能力，帮助孩子增强记忆力。

游戏准备

不同颜色的画笔、几张画纸。

游戏方法

（1）问孩子："宝宝能告诉我，今天一天都做了什么吗？"

（2）帮助孩子回忆，今天一天都做了什么，比如读故事书、玩游戏等。

（3）拿出画笔、画纸，邀请孩子一起来画画，将今天做过的事情画在纸上。

引导孩子画下今天发生了什么

第七章 2.5—3岁孩子陪玩游戏：促进社会力发展

游戏提醒

（1）孩子可能画得没有那么好，或者乱涂乱画，这也没关系，爸爸妈妈可以鼓励孩子自由发挥。

（2）画画过程中，爸爸妈妈应随时注意孩子的一举一动，防止孩子啃咬画笔。

想一想，这是谁的呀

游戏目的

锻炼 2.5—3 岁孩子的专注力，促进孩子联想能力、逻辑思维能力的发展，帮助孩子增强记忆力。

游戏准备

发卡、T恤衫、老花镜等（可根据实际情况更换）。

游戏方法

（1）选取几件孩子熟悉的家人的随身物品，如妈妈平日戴的发卡、爸爸经常穿的 T 恤衫、爷爷的老花镜。

（2）将发卡、T 恤衫、老花镜放在孩子面前，随机挑选一个，问孩子："想一想，这是谁的呀？"

（3）如果孩子答错了，告诉孩子正确的答案，过一会儿再问一遍，看孩子是否还记得答案。如果孩子答对了，就继续引导孩子说出这些物品在生活中发挥着怎样的作用。

游戏提醒

孩子的认知能力、记忆力都有限，因此选取的游戏物品最好控制在 1—3 件，并且是孩子最熟悉的家人的随身物品。如果物品太多、太杂，反而会对孩子造成认知困扰。

推理游戏

爸爸妈妈在平常生活中可以和孩子玩一些简单有趣的推理游戏，锻炼 2.5—3 岁的孩子的逻辑思维能力，激发孩子独立思考，提升孩子解决问题的能力。

你又讲错啦

游戏目的

培养 2.5—3 岁孩子对因果关系的认识，锻炼孩子的联想能力和逻辑推理能力。

一块干净、舒适的地毯。

游戏方法

（1）和孩子面对面坐在地毯上，对孩子说一句话，让孩子来"找茬"。比如，对孩子说："小狗在天上飞。"

（2）当孩子说"你说错了"的时候，反问孩子为什么这句话是错的，引导孩子说出答案："因为小狗没有翅膀，无法在天上飞。"

（3）进一步问孩子："小狗没有翅膀无法飞翔，那么长了翅膀又能飞的动物有哪些呢？"引导孩子说出答案："有小燕子、麻雀和喜鹊……"

游戏提醒

爸爸妈妈对孩子的要求不宜过高，哪怕孩子说出的话不合常理，也不要限制孩子表达，而是要时不时地夸赞孩子，鼓励孩子开动脑筋，提出更多新奇的想法。

故事推理

游戏目的

培养2.5—3岁孩子的想象力，促进孩子的思维能力。

游戏准备

几个情节简单、角色较少的小故事，如《龟兔赛跑》。

游戏方法

（1）给孩子绘声绘色地讲《龟兔赛跑》这个故事。

（2）讲完故事后，用提问的方式引导孩子回忆、梳理故事情节。比如，问孩子："故事中，最终在跑步比赛中胜出的是谁呀？""兔子明明跑得很快，为什么最后却输了呢？""小乌龟走路慢腾腾的，为什么能够把兔子打败，首先到达终点呢？"

（3）引导孩子回答问题，鼓励孩子复述一遍故事情节。

游戏提醒

（1）孩子对因果关系的认识是极为基础的，爸爸妈妈准备的故事不应过于复杂，要尽可能地简单、清晰。

（2）当孩子无法完整、正确地回答问题时，爸爸妈妈应循循善诱，引导孩子慢慢掌握故事脉络。

购物游戏

爸爸妈妈平时可以多和孩子玩"买卖物品的游戏",即购物游戏,这类游戏能加深孩子对数字的认识,让孩子了解分类知识,帮助孩子初步了解"买卖"的概念。

认识钱币

游戏目的

帮助 2.5—3 岁孩子认识钱币,让孩子对钱币面值、大小产生最基本的概念,为培养孩子的财商和正确的金钱观打下基础。

游戏准备

几张面额不同的纸币，如1元、5元、10元；几件与纸币价值相对应的商品，如矿泉水（1元）、故事书（5元）、玩具汽车（10元）。

游戏方法

（1）教孩子认识不同面额的纸币上的数字，最好按照一定的顺序由小到大地教。

（2）将几张钱币打乱，然后随机说出一张纸币的数额，让孩子指出来。

（3）告诉孩子，纸币上的数字较大，能买到较多或者较贵的东西。并向孩子示范，1元能买到矿泉水，5元能买到故事书，10元能买到玩具汽车。

（4）将钱币和物品打乱，随机说出一件物品，让孩子指出对应面额的钱币；或随机说出一张钱币，让孩子指出对应价值的物品。

游戏提醒

（1）家长准备的钱币事先需要消毒。

（2）在游戏过程中，如果孩子不能正确地认识钱币大小或指出相对应的物品，爸爸妈妈应耐心地引导孩子。

认识超市购物区

游戏目的

模拟超市的购物环境，加深孩子对超市里不同区域的认识，从而教给孩子分类的知识，培养孩子对买卖的简单认知。

游戏准备

舒适、干净的地毯，蔬菜卡片、水果卡片、服饰卡片、零食卡片，"蔬菜区""水果区""服装区""零食区"的图画标识卡片，小篮子。

游戏方法

（1）在地毯上划分出不同的区域，分别放入"蔬菜区""水果区""服装区""零食区"的图画标识卡片。

（2）告诉孩子，在超市里，不同的商品会被放入不同的区域，比如饼干应放入零食区，裙子应放入服装区等。

（3）引导孩子将打乱的蔬菜卡片、水果卡片、服饰卡片、零食卡片放入相对应的区域中。比如，画有青椒的卡片放入蔬菜区，画有西瓜的卡片放入水果区等。

爸爸妈妈可以一边做游戏，一边和孩子讲解购物的相关知识，寓教于乐。

小小营业员

提升孩子的观察力、思维能力、表达能力和解决问题的能力，培养孩子对商品价值、货币交换规则的初步认识。

游戏准备

几种常见的食物，比如牛奶、小面包等。

游戏方法

（1）爸爸妈妈扮演顾客，孩子扮演小卖铺营业员。

（2）爸爸妈妈假装进入小卖铺，问孩子："你好，请问有牛奶吗？"孩子摇摇头，说没有。

（3）引导孩子说："没有牛奶，可是有小面包，小面包也很不错哦。"

（4）问孩子小面包多少钱，并拿出几张纸币，让孩子从中选择正确的一张，完成付钱的步骤。

游戏提醒

游戏过程中，当孩子不知道怎样处理的时候，爸爸妈妈可以随时提醒孩子，帮助孩子树立自信心，保持继续游戏的热情。

救援游戏

2.5—3 岁孩子缺乏对火灾等灾患的认识，对此，爸爸妈妈可以和孩子玩一些趣味救援游戏。通过角色扮演、灾患现场模拟等促进孩子对灾患的认识，教给孩子正确面对灾患的方法，培养孩子的爱心、责任心和勇敢品质。

小小消防员

游戏目的

通过模拟救援的过程让 2.5—3 岁的孩子学习相关的安全知识，提升孩子的安全防范意识。

游戏准备

消防服套装、消防帽、防烟面罩、手提式灭火器、消防斧、逃生绳等道具。

游戏方法

（1）爸爸妈妈假装被困在起火的房间里，大声呼叫救命。

（2）引导孩子穿上消防服、戴上消防帽和防烟面罩，勇敢地冲入火场。

（3）提示孩子提起灭火器灭火，用消防斧"劈开"房间门。

（4）进入房间后，成功救出被困在房间里的爸爸妈妈。

游戏提醒

（1）在游戏前，应先教孩子认识消防工具，并向孩子逐一演示这些工具的操作方法。

（2）和孩子一起练习快速穿上消防服、戴上消防帽和防烟面罩的技巧。

紧急电话怎么打

游戏目的

教孩子认识紧急电话号码，令孩子具备初步的自救意识，提升孩子的安全意识。

游戏准备

分别写有 110、120、119 等紧急电话号码的卡片，儿童玩具电话机。

游戏方法

（1）将写有电话号码的卡片放在孩子面前，逐一教孩子认识这些电话号码，并教给孩子一些最基本的救援知识。如遇到坏人了要打 110，有人生病了要打 120，起火了要打 119。

（2）等孩子熟悉了这些紧急电话号码后，和孩子互动，模拟电话报警。比如，教孩子正确地拨通 120，并进行自我介绍："你好，我叫 ×××，我今年 3 岁，我的妈妈晕倒了，请快来救救我的妈妈，我住在……"

（3）和孩子反复进行模拟拨打急救电话的游戏。

游戏提醒

告诉孩子，在紧急情况下才能打这些电话号码，平时千万不要打这些电话号码。

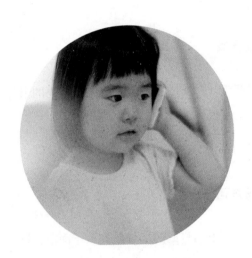

孩子模拟打急救电话

合作游戏

2.5—3岁的孩子缺乏社会体验，还不懂"合作""团队"，爸爸妈妈可以和孩子玩一些合作游戏，培养孩子的团队意识、合作精神，增强孩子的组织能力和独立解决问题的能力。

听我的指挥

游戏目的

增强2.5—3岁的孩子对于"分工合作"的认识，培养孩子良好的沟通能力和解决问题的能力。

游戏准备

三五把椅子、一副眼罩。

游戏方法

（1）将椅子放置在家中的某块空地上，以制造路障的效果。

（2）让孩子站在一旁，充当指挥员。

（3）戴上眼罩，在孩子的提示下慢慢走向前方，直到成功绕过路障、到达终点。

游戏提醒

（1）用椅子制造路障时，让椅子的间距隔得更开一些，以免蒙眼走路时被绊倒。

（2）到达终点后，别忘了和孩子击掌庆祝，夸奖孩子指挥得很好，告诉孩子如果不是和他／她一起合作，自己根本无法顺利到达终点。

加油，接力赛

游戏目的

提高孩子的身体素质，培养孩子的责任心和团队合作意识，促进孩子的社会化发展。

游戏准备

几根接力棒。

游戏方法

（1）爸爸妈妈先向孩子讲解、示范接力赛的注意事项和接力棒的传递技巧，加深孩子对接力赛的认识。

（2）举办一场家庭接力赛，动员更多的家庭成员参与进来。由其中一名家长担任裁判，将其余家庭成员分为两到三个小队，如妈妈担任指挥员，爷爷奶奶组成一队，孩子和爸爸组成一队。

（3）进行家庭接力赛。比赛结束后，如果孩子所在的队伍取得第一名，及时夸赞孩子并奖励孩子一份小礼物；如果孩子所在的队伍并未取得第一名，及时安慰孩子，鼓励孩子再接再厉，并让孩子了解到合作的意义。

游戏提醒

（1）比赛过程中，爸爸妈妈要注意看护好孩子，避免孩子因磕碰、跌倒而受伤。

（2）比赛过程中，爸爸妈妈要不停地鼓励孩子，及时表扬孩子，以增加孩子参加游戏的兴趣。

第八章

亲子陪玩禁忌，
充分尊重孩子

爸爸妈妈的陪伴，会让孩子感受到关爱，拥有安全感，使孩子健康快乐地成长。

　　在陪玩的过程中，爸爸妈妈要充分尊重孩子，不代劳、不打扰孩子、不阻止孩子合理的探索，做孩子的陪伴者和协作者，充分发挥孩子的主观能动性。

不要代劳

0—3 岁是孩子成长和能力发展的重要阶段，这个年龄段的孩子对外界的事物充满了好奇心，探索欲非常强烈，所以在进行亲子陪玩时，父母不要代劳，要放手让孩子自己去探索，这有助于培养孩子的独立性和自主性。

是陪玩，不是代劳

父母陪孩子一起玩耍，可以有效地增进亲子情感，促进孩子全面发展。需要注意的是，陪玩不是代劳。在陪伴的过程中，父母要鼓励孩子自己动手探索，而不是代替孩子完成。

父母在陪玩时，可以尽力为孩子提供丰富多样的工具、材料，以及安全、舒适的环境，并让孩子自由地探索和玩耍。在游戏的过程中，父母应尽量让孩子独立完成，当孩子实在无法完成时，父母再去协助孩子，而不是从一开始就为孩子代劳。让孩子自己完成游戏，能够培养孩子的自主性，还能培养孩子独立思考的能力和解决问题的能力。

代劳不利于孩子自我成长

0—3 岁的孩子各方面都处于发展阶段，他们的运动能力、动手能力、思维能力等都正在逐步完善。一些父母在陪玩的过程中，十分"善解人意"，当看到孩子想要什么或者想做什么时，马上就动手代劳。

比如，孩子想要一个玩具，用手指一指，父母就将玩具递到孩子面前。一些父母可能会认为，孩子走路还不稳，让孩子自己去取可能会摔倒。其实，孩子就是在一次次的摔倒中逐渐走稳的，而且让孩子自己走路去取物，还有利于促进孩子的大运动能力发展。父母代劳，看似帮了孩子，实则剥夺了孩子自己锻炼的机会。

一些父母不仅在行动上为孩子代劳，在思想上也为孩子代劳。比如，一些父母在陪孩子画画或做手工时，觉得孩子画得不像或做得不好，就将自己的想法告诉孩子，让孩子按照父母的想法去画或者去做。这样的做法实则扼杀了孩子的想象力，剥夺了孩子自己思考以及自己动手解决问题的机会，对孩子未来的发展十分不利。

父母无论是行为上的代劳，还是思想上的代劳，都不利于孩子自我成长。一方面，父母的代劳，可能会导致孩子对父母的依赖性增强，从而无法独立解决问题，不利于孩子自信心的培养；另一方面，孩子总是让父母代劳，错失了自己试错的机会和经验，当面临新的或难的挑战时，可能会感到无助。

如何做到"不代劳"

长远来看，父母代劳对孩子未来的发展会产生不利影响。那么，父母如何才能做到陪玩时不代劳呢？

一方面，父母要正确认识代劳带来的不利影响，这样能够有意识地避免陪玩时代劳。

另一方面，要科学认识孩子的生长发育规律，设定合理的期望值。孩子的生长发育有着一定的规律性，父母在陪玩的过程中，应尊重孩子的生长发育规律，不要试图让孩子事事做得完美，要保持平和的心态，让孩子自己尝试和探索。

不代劳并不意味着对孩子的求助无动于衷。当孩子需要帮助时，父母可以在鼓励孩子自己尝试的同时，为孩子提供一些建议和指导，通过启发式提问来引导孩子自己找到解决问题的方法。

不要让孩子边吃边玩

爱玩是孩子的天性，一些孩子即使在吃饭时也想着玩儿。一些父母对此不加阻止，让孩子边吃边玩，长此以往，会让孩子养成不好的饮食习惯，而且容易发生危险。

边吃边玩危害多

（1）边吃边玩影响食物的消化吸收。正常进餐时，大部分血液会聚集在消化系统，如果孩子边吃边玩，血液就不得不被分配到其他身体部位，导致消化系统中的血流量减少，食物无法被充分消化吸收。

（2）边吃边玩容易发生意外伤害。孩子边吃边玩可能会发生食物误入气管的情况，发生意外伤害。

（3）边吃边玩影响孩子的专注力。孩子边吃边玩容易注意力不集中，影响做事的专注力，也会影响未来的成长和发展。

拒绝边吃边玩

父母在陪伴孩子时，要纠正孩子边吃边玩的不良习惯，以下是一些让孩子专注吃饭或专注玩耍的建议。

（1）为玩耍和吃饭准备不同的区域，让孩子玩耍和吃饭可以分开进行。孩子玩耍时不要将食物放在旁边，同样孩子吃东西时，也不要将玩具放在旁边。

（2）为一日三餐和加餐安排合理的时间，让孩子在一定的时间内完成进餐，这有助于孩子养成良好的进餐习惯。规律、合理的饮食安排能够避免孩子在玩耍中途因饥饿而边玩边吃。

孩子专注吃饭

第八章　亲子陪玩禁忌，充分尊重孩子

不要轻易打扰孩子

孩子在游戏的过程中，会受好奇心驱使自发地进行探索、学习和玩耍，注意力高度集中。此时，父母最好不要轻易打扰孩子，应让孩了专注、自由地玩耍。

父母的打扰会对孩子产生不利影响

孩子有自己的想法，他们通过自己的方式来探索和玩耍，如果父母在陪玩时打扰孩子，会给孩子带来一些不利影响。

父母的打扰会破坏孩子的专注力

当孩子正在专心地玩耍时，有些父母会过来询问："宝宝，渴不渴呀？我们喝点水，吃点东西吧。"孩子本来可以专注地玩很久，但父母出于关心，不停地打扰孩子，这种打扰会破坏孩子的专注力，久而久之，会让孩子形成做事三心二意的习惯，无法形成持久的专注力。

父母的打扰会让孩子缺乏自信

在游戏或玩耍的过程中，通过自己的努力去实现目标或完成一件作品能够极大增强孩子的自信心，而如果中途受到父母的打扰，则可能会让孩子失去自信。

例如，孩子正在用积木搭一座房子，父母看到孩子拿着积木犹豫时，马上就上前告诉孩子："宝宝，这个应该搭在这里。"尽管父母的初心是帮忙，但父母的这种打扰行为不仅会让孩子的思考中断，还会让孩子觉得自己做得不对或不好，从而影响自信心的形成。

父母的打扰会使孩子养成依赖性

孩子做游戏的过程，也是孩子自我探索、自我成长的过程。一些父母在孩子玩耍时不断地在旁指挥，这种打扰行为会让孩子对父母形成依赖性，缺乏独立性。

父母如何避免陪玩时打扰孩子

父母陪玩时打扰孩子会给孩子的成长带来诸多不利影响。那么，父母如何避免陪玩时打扰孩子呢？

为孩子准备一个环境安全的房间或区域

为孩子单独准备一个儿童房或专门供孩子玩耍的区域，这片区域要保证安全、舒适，父母无须担心孩子的安全问题。这样，父母就可以放心地让孩子自由探索，只需在孩子需要帮助时进行协助即可。

孩子在安全的区域内专注地玩耍

不要过度关注孩子

在陪玩的过程中，父母有时会因为过于关注孩子，而想要为孩子提供各种帮助，这也是父母不知不觉打扰到孩子的原因。父母应把孩子看作独立的个体，尊重孩子的想法，给孩子足够的自由和空间，这样就能避免干扰孩子。

不要阻止孩子合理的探索

孩子天生具有求知欲，他们通过玩来探索和认识世界。在保证安全的情况下，父母应让孩子尽情地去探索。

探索有益孩子自我成长

观察动植物、玩水、挖沙、攀爬、阅读等都是孩子们探索世界的方式，孩子们合理地进行探索对他们的成长十分有益。

孩子通过探索可以学到更多的知识和技能

孩子在探索新事物的过程中，能学到更多的知识和技能。例如，孩子通过观察植物开花结果，能了解植物的结构；孩子通过走平衡木能增强自己身体的平衡能力。孩子们在探索的过程中获得的经验，能够为孩子的未来发展打下良好的基础。

探索能激发孩子的好奇心、想象力和创造力

当孩子探索新的事物、新的环境时，他们会产生疑问和好奇心，会进一步发挥想象并加以创造。在这一过程中，他们的好奇心、想象力和创造力都会得到激发。

如何让孩子尽情地探索

关于如何才能让孩子尽情地去探索，以下一些建议或许能对父母有所帮助。

不怕麻烦，反思孩子的探索是否合理

一些父母常常因为孩子可能会把衣服弄脏而阻止孩子进行某些探索。比如，父母可能会因为孩子画画时把颜料涂到衣服上而

阻止孩子画画，也可能会因为害怕孩子把鞋子弄湿而阻止孩子跳水坑。其实，父母可以通过一些措施来避免这些事情发生。比如，为孩子准备一件画画时穿的罩衣，为孩子准备可以跳水坑的雨鞋或多备一双鞋子。这样既满足了孩子的探索欲，又能避免孩子把衣服弄脏或弄湿。

当父母想要对孩子说"不可以"、阻止孩子探索时，不妨试着反问自己一下："孩子的要求真的不能被满足吗？是因为自己怕麻烦，还是因为孩子的探索行为不合理呢？"如果孩子的探索行为合理，那么父母就想办法让孩子尽情地去探索吧，毕竟衣服脏了可以清洗，孩子的探索欲失去了就不容易再找回来了。

做好防护措施，鼓励孩子勇敢探索

一些父母担心孩子发生意外，阻止孩子进行某些探索。比如，孩子想要去玩攀爬架时，父母怕孩子摔下来而阻止孩子探索；孩子想要玩独木桥时，父母怕孩子失去平衡而阻止孩子探索。久而久之，孩子面对类似的活动或游戏时就会畏首畏尾，不敢参与。

实际上，只要防护措施得当，便能预防意外发生。父母应在做好防护措施的基础上，鼓励孩子积极探索，从而让孩子更加勇敢和自信。

第九章

常见伤病处理，
应对突发情况

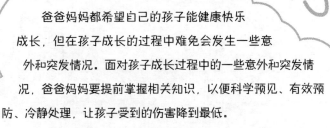

爸爸妈妈都希望自己的孩子能健康快乐成长，但在孩子成长的过程中难免会发生一些意外和突发情况。面对孩子成长过程中的一些意外和突发情况，爸爸妈妈要提前掌握相关知识，以便科学预见、有效预防、冷静处理，让孩子受到的伤害降到最低。

这里介绍几种常见伤病应急处理方法供爸爸妈妈参考。孩子伤病不容忽视，情况严重时应及时就医。

湿疹

湿疹，这里指俗称奶癣的婴儿湿疹，多发于 2—3 月龄孩子。病因与多种因素有关，较为复杂，需要家长时刻关注。

湿疹症状

婴儿湿疹多发于孩子的面部，表现出面部局部位置泛红、瘙痒，可见红斑、丘疹（直径小于 1 厘米、高出皮肤表面的皮肤凸起）、渗液等，有时身体其他部位也可出现。受湿疹影响，孩子会有哭闹，以及睡眠、食欲、情绪不好等情况。

处理方法

（1）给孩子穿干净、干燥、宽松的衣物，避免穿羊毛材料、粗糙质地的衣物。

（2）孩子的衣物应当勤换洗、晾晒，不要阴干。

（3）用接近体温的清水给孩子擦洗患部，避免使用沐浴露或香皂。每日清洗 1—2 次。

（4）症状严重者及时就医。

发烧

导致婴幼儿发烧的原因有很多，如过敏、病毒（如流行性感冒）、细菌感染、支原体感染等。

发烧症状

发烧本身不是疾病，是一种明显病症，因此人们一般认为孩子发烧就是生病了。孩子发烧时，体温会明显升高，还可能伴随面部和耳朵发红、食欲和精神状态不好、咳嗽、流鼻涕、呼吸加快等症状。

处理方法

如果发现孩子有发烧迹象，就要及时观察孩子状况、测量体温。孩子体温在 38.5℃以下时，推荐以下物理降温措施和方法。

（1）湿敷降温，用湿冷的毛巾放在额头、腋窝、手腕、小腿处，如果孩子抗拒、毛巾放不住，可用湿冷毛巾勤擦拭上述身体部位。擦拭动作要轻柔，以免用力擦拭损伤孩子的皮肤。

（2）贴婴幼儿专用退烧贴。

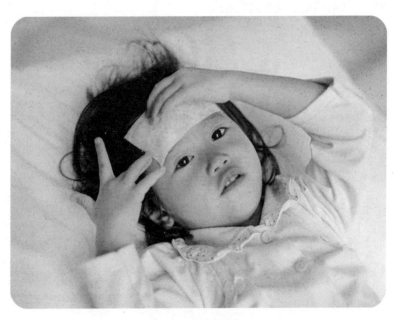

贴着退烧贴的孩子

（3）减少衣物，让孩子体内的热气能顺利散发，但如果孩子觉得冷，应裹上衣服至不觉得冷为宜。

（4）开窗通风，让室内空气流通，但要避免孩子位于风口，也不要使用通风设备。

（5）补充水分，给孩子多喝一些温开水，增加水果摄入。

如果孩子在发烧的同时，伴随有明显的寒战和严重的嗜睡，或者体温超过38.5℃，应及时就医，遵医嘱用药或者接受进一步的治疗。

过敏

过敏可由多种原因引起，婴幼儿免疫力弱，居住环境发生变化或者接触过敏原，都有可能导致过敏。

过敏症状

过敏症状主要有打喷嚏、红斑、丘疹、腹痛、呕吐、哮喘等。

处理方法

（1）回忆、观察孩子的生活环境，最好找出过敏原并尽量远离过敏原。

（2）调节室内温度和湿度。

（3）勤洗澡和更换干净舒适的衣物，经常晾晒孩子的被褥。

（4）如果怀疑食物过敏，停止当天或上一餐食物摄入。

（5）严重时及时就医。

擦伤

0—3 岁孩子在成长过程中尝试做大动作或参与游戏时，很有可能摔倒或撞到物品摩擦皮肤，发生擦伤。

擦伤症状

幼儿皮肤娇嫩，皮肤擦伤后会明显发红，还可伴有表皮脱落、体液或血液渗出、伤处肿大、皮下淤血等症状。

处理方法

（1）及时安抚孩子，微小创面不必过于惊慌失措，以免吓到孩子或给孩子造成心理负担。

（2）用酒精、碘伏等消毒液冲洗创面，确保创面没有黏附绒毛、尘土、砂石等异物或污物，避免引发感染。

（3）小的创面在清理、消毒后，可贴医用纱布或创口贴，避免沾水。

（4）如果伤及面部重要部位，或者创口面积较大，伤口较深，应及时到医院请医生做检查处理，避免感染或伤情加重。

（5）没断奶的婴幼儿和哺乳期妈妈均应避免食用辛辣、刺激的食物或汤水、饮料等。

（6）伤口结痂后，阻止孩子抓挠血痂，等待血痂自然脱落。

抓咬伤

0—3岁孩子身体控制能力不足，容易抓伤自己，或者在和小动物互动时，比较容易产生抓咬伤。

抓咬伤症状

抓伤皮肤表面有划痕、伤处红肿，被小动物咬伤可见细小或明显齿痕，可伴有血液渗出。

处理方法

（1）及时给孩子修剪指甲，避免孩子再次抓伤自己。

（2）伤处涂抹酒精或碘伏消毒，保持伤口及周围干净干燥。

（3）被动物咬伤后及时挤压伤口至不能再挤出血，对伤口进行消毒处理，并尽快送到医院或防疫站注射疫苗，接受进一步治疗。

异物卡喉

如果孩子被异物卡喉，将非常危险，家长要及时发现，冷静、快速处理。

异物卡喉症状

异物较小时，声音嘶哑，伴有咳嗽、嘴唇和脸部皮肤发紫；异物较大时，会导致呼吸困难、昏厥。

处理方法

（1）用手指刺激孩子的喉咙，通过催吐让孩子将异物吐出。

（2）用手用力拍打孩子的后背，使胸部产生收缩压力，进而排出异物。

（3）海姆立克法。针对0—1岁婴幼儿异物卡喉，首先，将患儿面部朝下、头低脚高，一手托患儿头颈，另一手掌根连续叩击肩胛骨连线中点处5次；其次，翻转患儿，使患儿面部朝上、头低脚高，用中指和食指按压患儿两乳头连线中点处5次。重复以上步骤，直至异物排出。针对1—3岁幼儿异物卡喉，首先，让患儿站立、上身前倾，在患儿身后双臂环抱患儿；其次，一手握拳放在患儿脐上两横指上方，另一手包拳，快速、用力、连续向患儿体内上方冲击，直至异物排出。

（4）及时拨打120或送医抢救。

（5）异物卡喉后，不要盲目尝试吞咽食物和喝醋等错误方式试图让异物被咽下去，应及时就医。

中暑与冻伤

在炎炎夏日和寒冷的冬天，长时间在户外玩耍运动，容易发生中暑、冻伤，家长应为婴幼儿及时增减衣物，合理控制玩耍或运动时长。

中暑与冻伤症状

中暑前后，常有体温升高、面红或面部发白、口渴、多汗、头晕、呕吐甚至晕厥等症状。冻伤后，局部皮肤会麻木、发红、青紫、疼痛、裂开，返热后有瘙痒感等。

处理方法

针对中暑的处理方法如下：

（1）发现孩子有中暑症状后，及时带孩子到阴凉、通风处，松解衣物，补充水分。

（2）如果孩子在中暑后有发热症状，参考前面所提到的针对发烧的处理方法进行处理。

（3）中暑情况比较严重时，及时送医。

针对冻伤的处理方法如下：

（1）用温水浸泡孩子的冻伤部位，使冻伤部位恢复至正常体温。

（2）注意保暖，防止伤情恶化，促进温度恢复，缓解冻伤带来的不适感。

（3）保持患处干净干燥。

（4）冻伤部位返热后容易瘙痒，教导孩子不要抓挠患处。

（5）如果孩子伤情严重，应及时就医，遵医嘱治疗。

脱臼与骨折

0—3 岁的孩子骨骼与关节处连接松动，家长在带领孩子做游戏或运动时，如果用力牵拉孩子的手腕或手臂，或者孩子跌倒或磕碰，就可能导致脱臼。婴幼儿骨头轻、弹力大，和成人相比不易骨折，但从高处跌落或受到猛烈撞击时则容易发生骨折。脱臼和骨折是非常严重的伤病，孩子会在瞬间有疼痛、大哭反应，家长应及时观察孩子伤情并迅速做出反应。

脱臼与骨折症状

脱臼后，从外表可看到关节外形异常，有剧烈的疼痛感、脱臼的关节所在的肢体末端会活动受限，如肩关节脱臼，则对应手臂、手腕、手指不能自主活动。

骨折后，有剧烈疼痛，患处畸形、活动受限。

处理方法

（1）用木板或书本等有支撑作用的物品固定孩子的患处，限制孩子患处活动。

（2）固定患处后及时冷敷，以消肿、止痛。

（3）及时拨打120，在医生的指导下进行简单处理后，尽快就医。骨折位置不要轻易移动，送往医院的过程中也应避免摇晃或颠簸而造成二次伤害。

第十章

关注亲子安全，
给孩子满满的安全感

在陪孩子玩耍、做亲子游戏的过程中，爸爸妈妈要时刻注意孩子的安全问题，比如蚊虫叮咬、从高处跌落、烫伤、走失等。

　　关注孩子安全，科学防范，这样才能为孩子提供一个安全的成长环境，让孩子在安全、有爱、幸福的环境中健康成长。

防蚊虫

孩子被蚊虫叮咬后，皮肤瘙痒肿痛，非常不舒服，会抓挠、哭闹，影响玩耍兴致、食欲和睡眠质量。此外，蚊虫还会传播细菌，可能引发幼儿生病。因此，在特殊季节和户外活动场所活动时，家长一定要做好防蚊虫工作。

防蚊虫的物理方法

（1）及时发现并拍打、驱赶蚊虫，确保活动区域安全。

（2）安装防蚊纱窗、门帘，防止户外蚊虫进入室内；搭建蚊帐，让孩子在蚊帐内玩耍、睡觉。

（3）在屋内放置粘蝇板、电蚊拍等专用防蚊虫小工具。

（4）种植一些驱蚊盆栽，如薄荷、猪笼草、茉莉花等。

（5）带孩子在户外活动时，穿长袖上衣和长裤，戴帽子，增加衣物覆盖皮肤的面积，减少皮肤裸露。

（6）保持室内清洁，经常打扫卫生，避免滋生蚊虫。

电蚊拍、薄荷

防蚊虫的化学方法

（1）利用特殊气味蚊虫，如燃烧艾草、驱蚊草等植物，涂抹花露水、风油精等驱蚊药水；喷洒防蚊喷雾、贴防蚊贴；使用可插电蚊香液等。

（2）使用专用杀灭蚊虫的药剂或装置，如蚊香液、灭蚊灯、灭蚊剂等。

蚊香、蚊香液

防蚊虫的注意事项

（1）尽量采用物理驱杀蚊虫的方法，如果确定要使用驱蚊虫的化学药剂，应仔细查看说明书，确保婴幼儿适用。

（2）如果孩子对防蚊虫用品的气味、声音感到不适，应及时停止使用相关用品。

（3）如果孩子被蚊虫叮咬后，皮肤有严重红肿或疼痛感强烈，应及时观察记录并送医治疗。

防跌落

在 3 岁前，孩子的身体控制和协调能力还不完善，再加上对空间和方位判断能力较弱、安全意识不强，容易发生跌落，对此，爸爸妈妈应提前做好防范。

以下方法可以有效防止 0—3 岁幼儿发生跌落。

（1）为孩子安装防跌落的防护围栏。

（2）无论是在室内还是在户外，做亲子游戏时，都应在宽敞、平整的平面和空间进行。

（3）不要做单手举高、抛接等危险的游戏或动作。

（4）带孩子在地毯、垫子等柔软平坦表面玩耍游戏。

（5）在具有一定高度的家具，如沙发、榻榻米、床等的周围区域铺设爬行垫、地毯等质地柔软的物品。

（6）定期检查家具，尤其是婴幼儿家具，如婴儿座椅、积木桌、脚凳等，确保它们无破损、坚固、不会倾倒。

（7）将孩子经常玩耍或感兴趣的游戏用品放在孩子触手可及的地方，避免孩子攀高拿取而发生跌落。

（8）尽量给婴幼儿可能接触到的家具包边、包角，防止孩子在学坐、站立、爬行、走动时，因重心不稳摔倒而发生磕碰。

（9）刚拖过的地板或地板上有水时，让孩子暂时远离该区域，以免孩子滑倒。

（10）0—3岁婴幼儿洗澡应避免淋浴，以免孩子脚滑跌倒。

（11）日常锁好门窗，且不要留孩子一个人在家里。

在爬行垫上玩耍的孩子

防溺水

0—3岁孩子日常做接触水的游戏时，如果操作不当极易溺水。家长应时刻警惕，增强防溺水意识，做好防溺水的各种措施。

日常防溺水

日常生活中，洗漱、洗澡、开展玩水游戏时，家长应谨记以下安全提醒。

（1）日常让孩子玩水时，如果孩子表现出哭闹抗拒，应停止游戏，谨防孩子在躲水时呛水。

（2）给孩子进行盆浴时应确保始终有家长在旁监护。如果给孩子洗澡期间需要出去拿取东西，可以给孩子裹上浴巾，抱着孩子出去拿取东西。

（3）家里的浴缸、脸盆等盛水容器尽量不要存放积水，不要让孩子一个人在卫生间里玩耍。

（4）不要带0—3岁幼儿玩水中憋气类游戏，也不要示范将头脸放入水中的动作，以防婴幼儿模仿。处于0—3岁的幼儿对自己身体的控制能力不是很好，慌乱中更难自救，非常容易发生呛水和溺水。

（5）不要让孩子在小区或公园的水池内玩耍，在水池边玩水时应始终有大人监护。

游泳时防溺水

爸爸妈妈带孩子参与游泳类游戏或运动时，应注意以下几个方面。

（1）带孩子学游泳，应找专业的、有救生员的正规游泳场馆，有条件的家庭可以找一对一教学的游泳教练。

（2）带孩子在游泳池中游泳时，应先让孩子适应水温后再下水游泳，避免孩子在水中抽筋、呛水。

（3）带孩子在游泳池中游泳时，应佩戴必要的游泳护具或穿戴救生衣物。

（4）带孩子在游泳池中游泳时，要远离游泳池的排水口，避免因排水口水流压力大而引发意外。

（5）不要带孩子在野外自然水域游泳。

（6）不要带孩子去泡温泉。

防烫伤

以下防烫伤建议，供各位爸爸妈妈参考。

（1）给孩子冲奶粉或喂水时，要控制好水温，可以将水滴在手背上试水温。

（2）不要给孩子吃太烫的饭菜。

（3）高温热源远离孩子，将热水壶、饮水机、挂烫机、打火机等物品放在孩子接触不到的地方。

（4）如需热敷，应用毛巾将孩子的皮肤与热水袋、暖宝宝贴等发热物品隔开。

（5）教孩子识别危险警示标识，在家中有危险的地方贴标示，提醒孩子远离危险物品或区域。

（6）外出在餐馆用餐，让孩子远离通道的座位，不要让孩子在餐桌旁或餐馆内打闹、奔跑。

（7）如孩子发生烫伤应及时给患处冲凉并迅速就医。

防触电

婴幼儿认知能力有限，因此爸爸妈妈应格外注意家庭和户外用电安全，谨防婴幼儿触电情况的发生。

家中有婴幼儿的家庭，在防触电方面应做好以下几点。

（1）为电源插口安装保护盖。

（2）不用的电源插口可以用能隔绝电源的插座安全塞（也叫堵头）堵上，谨防孩子纤细的手指插进电源孔触电。

（3）小型家电放在孩子够不到的位置。

（4）使用完电视、洗衣机等家用电器后，及时拔掉电源、收好电线，谨防孩子把玩。

（5）不用的插线板，及时切断电源。

（6）及时收纳整理家中的导电物品和工具，如铁丝、剪刀、钥匙等。

（7）定期检查家中电线电路、家电用品，防止有漏电情况的发生而误伤孩子。

（8）教育孩子不摸电源插孔、不玩电线。

（9）不带孩子在线路裸露和有灯光特效的喷泉和水池边玩耍。

（10）不带孩子在高压线下玩耍。

防水防触摸插头保护盖

电源插孔安全塞

防丢失

孩子的安全问题是大问题，不容忽视。防止孩子丢失应做到以下几点。

（1）无论在室内还是室外，不要让孩子离开自己的视线。

（2）给孩子佩戴防丢失用品，如防丢失手环、防丢失书包、智能手表等。

（3）尽量不让除家人以外的任何人照看孩子。

（4）通过谈话、亲子阅读等方式教育孩子，不要和陌生人说话，也不要和不认识的小朋友去远离家长的地方玩。

（5）和孩子玩防丢失情景模拟游戏，引导孩子树立安全意识。

（6）教导孩子熟记家人相关信息。

（7）陪孩子玩耍时应专心，把其他事情放在一边，尽量不在照看孩子期间和他人长时间聊天或低头玩手机。

参 考 文 献

[1] 鲍亚范，戴淑凤 .0—3 岁婴幼儿早期教育家长指导手册 [M].
北京：华夏出版社，2013.

[2] 陈宝英 . 新生儿婴儿护理百科全书 [M]. 成都：四川科学
技术出版社，2016.

[3] 陈松林 . 游戏碰碰车 [M]. 武汉：湖北少年儿童出版社，
2001.

[4] 陈文姬 . 如何给孩子高质量陪伴 [M]. 哈尔滨：哈尔滨出
版社，2020.

[5] 陈小艳，杨梦琪，叶妙企 . 学前儿童家庭与社区教育 [M].
北京：中央广播电视大学出版社，2016.

[6] 崔玉涛 . 崔玉涛育儿百科 [M]. 北京：中信出版集团，
2019.

[7] 杜青 . 陪我"玩"：0—3 岁宝宝运动活动指导 [M]. 上海：
上海科学技术出版社，2019.

[8] 高振敏. 越玩越聪明：0—3 岁宝宝最爱玩的经典益智游戏 [M]. 北京：北京联合出版公司，2014.

[9] 郭建红. 妈妈最想要的 1000 例宝宝游戏书 [M]. 长春：北方妇女儿童出版社，2011.

[10] 何锋. 和宝宝一起玩游戏（0—3 岁）[M]. 南京：江苏科学技术出版社，2014.

[11] 胡敏. 0—6 岁早教游戏育儿计划. 实操宝典 [M]. 北京：中国妇女出版社，2020.

[12] 姜兰芳，许丽萍，吕燕. 培养个性和谐的孩子：在自主活动中促进幼儿和谐个性的实践研究 [M]. 长春：吉林教育出版社，2010.

[13] 李京. 0—3 岁宝宝成长百科 [M]. 长春：吉林科学技术出版社，2017.

[14] 李淑璋. 蒙台梭利 10 分钟数学能力培养（0—3 岁）[M]. 南京：江苏科学技术出版社，2011.

[15] 梁芙蓉. 1—3 岁育儿早教启蒙 [M]. 北京：中国轻工业出版社，2020.

[16] 刘丽娜. 倒过来看世界：如何启动孩子的逆向思维 [M]. 北京：中国社会出版社，2014.

[17] 刘玺诚，王惠珊. 婴幼儿睡眠与成长 [M]. 北京：中国中医药出版社，2011.

[18] 马丽，陶玉风.中华传统民间幼儿游戏理论创新与实践研究 [M].银川：宁夏人民教育出版社，2019.

[19][美] 玛斯.美国金宝贝早教婴幼儿游戏 [M].栾晓森，史凯，译.北京：北京科学技术出版社，2016.

[20] 钱尚益.婴幼儿智力开发宝典 [M].呼和浩特：内蒙古人民出版社，2005.

[21] 王红 .0—3 岁婴幼儿家庭教育与指导 [M].上海：华东师范大学出版社，2020.

[22] 王振华.幼儿多元智能训练及开发 .2—3 岁 [M].武汉：湖北人民出版社，2006.

[23] 文晓萍.宝贝，我们能为你做什么 [M].北京：中国妇女出版社，2013.

[24] 烨子.如何提高孩子的智商 [M].天津：天津教育出版社，2005.

[25] 尹坚勤，张元 .0—3 岁婴幼儿教养手册 [M].南京：南京师范大学出版社，2008.

[26] 于伟伟.智慧妈妈的家教课堂 [M].北京：清华大学出版社，2016.

[27] 余绍森，张健忠，丁莹莹.幼儿篮球 [M].杭州：浙江大学出版社，2018.

[28] 阅己妈妈会 . 把早教课堂搬回家 .0—1 岁 [M]. 北京：电子工业出版社，2013.

[29] 张雅莲 .0—3 岁亲子助长游戏 [M]. 长春：吉林科学技术出版社，2008.

[30][韩] 张有敬 . 婴幼儿互动游戏百科 .0—2 岁 [M]. 李林，译 . 南昌：江西科学技术出版社，2020.

[31] 赵东凌 . 育儿必知的 1000 个细节 [M]. 南昌：江西科学技术出版社，2016.

[32] 周洲，姜福玉 . 培养优秀孩子的 10 堂课：家长的角度决定孩子的高度 [M]. 北京：化学工业出版社，2016.

[33] 周宗奎 . 儿童心理与教育实用百科 [M]. 武汉：湖北少年儿童出版社，2003.